物联网技术在电力行业的应用系列丛书

电力物联网概论

主　编　施泉生

副主编　阎怀东　李勇健　周　宇

参　编　高乃天　刘　捷　庄雯倩　黄伟倩　王　勇
　　　　黄　聪　张小彪　王子轩　马思源

主　审　王　爽

中国电力出版社
CHINA ELECTRIC POWER PRESS

内 容 提 要

本书主要介绍电力物联网的定义、建设背景与建设意义；电力物联网的相关技术及其应用，并初步规划了电力物联网的体系架构与实施方案；分别从商业模式与市场潜力等角度对电力物联网的建设进行深层次的分析；结合现有技术与行业发展现状，从多角度出发，提出了电力物联网的建设路径。

为便于读者理解电力物联网的相关应用，本书第六章提供了典型项目的详实案例分析。

本书可供给读者作为了解电力物联网领域的入门书籍，也可作为从事电力物联网建设的研究人员的参考书籍，同时对于电力物联网研究方向的高校科研人员也有一定的参考价值。

图书在版编目（CIP）数据

电力物联网概论 / 施泉生主编 . —北京：中国电力出版社，2019.11（2021.11重印）
（物联网技术在电力行业的应用系列丛书）
ISBN 978-7-5198-4061-7

Ⅰ．①电…　Ⅱ．①施…　Ⅲ．①互联网络－应用－电力工程－研究②智能技术－应用－电力工程－研究　Ⅳ．① TM76

中国版本图书馆 CIP 数据核字（2019）第 252832 号

出版发行：中国电力出版社
地　　址：北京市东城区北京站西街 19 号（邮政编码 100005）
网　　址：http://www.cepp.sgcc.com.cn
责任编辑：孙　静
责任校对：黄　蓓　郝军燕
装帧设计：郝晓燕
责任印制：吴　迪

印　　刷：北京九州迅驰传媒文化有限公司
版　　次：2019 年 11 月第一版
印　　次：2021 年 11 月北京第四次印刷
开　　本：710 毫米 ×1000 毫米　16 开本
印　　张：10.25
字　　数：172 千字
定　　价：45.00 元

丛书编委会

组　长　阎怀东　张义奇

副组长　李勇健

成　员　宋桂华　周长华　高乃天　陶　建

　　　　施泉生　赵文会　王　辉

前　言

在经济转型升级大背景下，中央经济工作会议要求加强人工智能、工业互联网、物联网等新型基础设施建设。基于此，工信部出台了具体推动互联网、大数据、人工智能与制造业深度融合的相关文件。为服务国家战略需求，顺应大数据时代与电力市场改革政策环境下自身发展需求，电网企业纷纷行动起来。国家电网公司于 2019 年工作会议提出打造"三型两网"世界一流能源互联网企业的目标。南方电网积极推进电网数字化建设和转型，通过数字电网、数字运营、数字能源，实现电网状态全感知、企业管理全在线、运营数据全管控、客户服务全新体验、能源发展合作共赢。两家电网企业均选择将物联网等当代信息处理技术、通信技术与人工智能引入企业经营发展中，围绕客户打造电网公司新型商业模式和理念。可以预见，物联网技术在电力行业的应用（简称电力物联网）将得到快速发展。

电力物联网是物联网在能源领域的具体实现形式，是从行业出发，运用新一代信息技术，将电力用户及其设备、电网企业及其设备、发电企业及其设备、电工装备企业及其设备连接起来，通过信息广泛交互和充分共享，以数字化管理大幅提高能源生产、能源消费和相关装备制造的安全水平、质量水平、先进水平、效益效率水平，发挥电网企业的平台和资源优势，力争主动，引领示范，展现作为"国家队"和"大国重器"的综合价值。

电力物联网对内有利于质效提升，对外有利于融通发展，引导电网主业与供给侧、需求侧互联互通，促进各级网架之间智慧耦合。这将为电网公司带来一场贯穿消费、供给、技术、体制的链式革命，同时能够提升用户用能体验，为能源生产和消费革命提供重要支撑，全面服务国家能源转型发展。电力物联网建设是顺应能源革命和数字革命融合发展趋势的战略抉择，是能源领域服务美丽中国建设的具体实践。

基于此，电网企业应积极顺应跨界融合的大趋势，以建设电力物联网为主攻方向，进一步改造提升传统业务，同时发挥电网企业的平台、客户及数据等资源优势，着力拓展新市场、开辟新领域、培育和发展综合能源服务、互联网金融、大数据运营、大数据征信、光伏云网、"三站合一"、虚拟电厂等新兴业务，大力开拓数字经济这一巨大蓝海市场，不断培育新的增长动能。

在此背景下，电力公司的经营环境将发生深刻变化，在电力物联网建设推进过程中，如何对电力公司营销部门员工进行营销技能培训，让其尽快适应新的环境、熟悉新的业务、掌握新的技能，是摆在电力公司人力资源部门面前的一大难题。

国网江苏省电力有限公司盐城供电分公司与上海电力大学"校企合作"建设服务国家战略的能源电力智库，站在可持续发展的高度，深刻把握了中国电力行业的发展趋势和特征，成立了"电力物联网课题研究"小组，决定开发"物联网技术在电力行业的应用系列丛书"，本系列丛书包括电力物联网概论、电力物联网投资与营销、电力物联网技术基础与应用场景三本。为保证每本书的实用性，编写人员深入广东、浙江、江苏、上海等地的综合能源服务企业与电力公司营销部门，进行实地走访和调研，了解电力物联网的建设现状与营销业务人员的现实需求。此外，在编写过程中，广泛征求了电力物联网领域专家与电力企业营销专家的意见和建议，以确保丛书能够满足电力物联网环境下市场主体的需求，同时兼顾业务之间的典型性与相关性。

在本书的编写过程中，得到了南方电网能源研究院林跃舜、徐睿、刘建波，国家电网上海电力公司客户服务中心郑庆束、赵建立同志的大力帮助。中国电力科学研究院王爽审阅全书，提出许多宝贵意见，在此一并表示感谢！

本套书的编写注重实际操作，配备大量图片，针对业务流程中需要重点关注的问题和难点进行阐述，便于读者理解和学习。本套书能够使读者理解电力物联网相关理论和基础，掌握电力物联网的关键技术，了解并妥善处理电力物联网环境投资与营销问题，可作为各地电力公司电力物联网培训参考书，也可用作科研院所、高校学生和教师的参考书。

目　录

1　电力物联网概述

1.1　电力物联网建设背景

近年来，随着社会经济的迅猛发展及能源需求的日益增长，能源供应的压力不断增大。同时，大量煤炭、石油等非清洁能源的使用所带来的环境污染问题也日益严重。因此，未来的电力系统必然将为可持续的全球经济增长提供高渗透率的清洁分布式能源。大量分布式能源的不断接入给电力系统的经济运行和安全管理提出了前所未有的挑战。物联网技术正处于应对这一挑战的最前沿，它可以通过泛在的感知技术赋予电力系统动态的灵活感知、实时通信、智能控制和可靠的信息安全等能力，不断提升电网运行控制和调度的智能化水平，持续深入提高各种类型能源之间的互动能力，从而使电网从单纯的电力传输网络向智能能源信息一体化基础设施扩展，将现有的电力系统转变为更高效、更安全、更可靠、更具弹性和可持续性的智能网络化电力能源系统[1]。

当今世界已全面进入数据化信息互联时代，谁能更快捷、高效地获取多样化的信息数据，谁就能更快一步挖掘映射出行为与数据的模态关系，从而制定相适应的运营策略，进一步抢占市场先机增加企业竞争力[2]。随着电价体制的改革，新能源大规模高密度接入的发展态势，电网形态发生变化、企业经营遇到瓶颈和社会经济形态发展变化是当前电力行业面临的三大突出问题，顺应能源革命和数字革命融合发展趋势，建设电力物联网是发展变革的根本途径。

1.1.1　电网形态发生变化

由于风光发电具有间歇性，对系统的调节能力（调峰、调频）提出更高要

---

[1]　傅质馨，李潇逸，袁越. 泛在电力物联网关键技术探讨 [J]. 电力建设，2019，40（05）：1-12.
[2]　胡畔，周鲲鹏，王作维，等. 泛在电力物联网发展建议及关键技术展望 [J]. 湖北电力，2019，43（01）：1-9.

求，而我国电源结构单一，缺少调峰、调频机组，储能技术尚未大规模应用，导致电网灵活性不足，造成弃风、弃光现象经常发生。用户侧新能源大量涌现，时空不定、潮流双向。电网缺乏与外部环境的互动，导致新能源消纳与电网安全稳定运行之间的矛盾日益突出。

1.1.2 企业经营遇到瓶颈

一是体制改革持续深入加剧了国家电网公司被彻底"管道化"的风险。中发9号文"管住中间，放开两头"目标提出以后，输配电服务模式以及更严格的成本监审正在让国家电网公司经营模式发生深刻改变。与此同时，相似行业"网运分开"持续推进，习近平总书记在3月19日的中央全面深化改革委员会第七次会议上强调了组建国有资本控股、投资主体多元化的石油天然气管网公司。从趋势上看，国家电网公司彻底"管道化"的风险逐步加剧；二是综合能源服务百花齐放的业态对电网公司业务营收造成了冲击。一方面，以分布式三联供、分布式光伏为代表的终端发电及供能系统，对国家电网公司面向工商业优质用户的营收造成影响，无论是传统的目录电价统售业务，还是仅提供"过网"的输配电业务，均减少了用户对于电网供电量的需求；另一方面，以用户侧储能、用户侧需量管理等为代表的节能服务也降低了国家电网公司对于用户电费的收入；三是综合能源服务发展趋势下严峻的竞争形势。毫无疑问，综合能源服务是能源转型背景下的发展趋势，国内大小能源企业均在布局综合能源服务业务，国家电网公司也不例外。综合能源服务的核心价值在于通过拓展业务链的相关环节，将原来割裂的、多服务主体环节由统一服务主体综合考虑，通过强耦合链条不同环节的相关性提升该业务链的整体效率。因此，综合能源服务并不是简单的业务加法，而是效率的提升。但是对于非传统竞争优势的综合能源服务而言，国家电网公司找准适合自己的综合能源业务模式并不容易，同时也面临整个行业的充分竞争态势。

1.1.3 社会经济形态发生变化

互联网思维和技术推动社会进入网络经济时代，社会多要素共享已经成为新一轮科技竞争和产业革命的新业态、新模式。网络经济通过平台对接匹配供需双方，打造双边市场，颠覆了很多传统产业，同时也有诸多行业依托互联网思维形成新业态。网络经济对传统电力工业带来巨大的挑战，在新的经济生态下，如不及时变革将举步维艰❶。

---

❶ 电力高电压技术分享. 建设泛在电力物联网的战略意义 [EB/OL]. (2019-02-27). https://mp.weixin. qq. com/s/PoXodR9eel9PIubQsMCpdA

　　我国经济转向高质量发展，建立与之匹配的能源体系尤为重要。习近平总书记提出"四个革命、一个合作"能源安全新战略，党的十九大报告提出"推进能源生产和消费革命，构建清洁低碳、安全高效的能源体系"。这些都为能源行业发展指明了前进方向。同时，互联网大潮已对各行各业产生深刻影响。2019 年政府工作报告首次提及"工业互联网"，提出要打造工业互联网平台，拓展"智能＋"，为制造业转型升级赋能。在这样的大背景下，泛在电力物联网建设正当其时。

　　面对上述的这些机遇和挑战，我国正积极地开展针对泛在电力物联网的研究和实践工作。2018 年 2 月 7 日，国家电网公司在其信息通信工作会议上首次明确提出将"打造全业务泛在电力物联网，建设智慧企业，引领具有卓越竞争力的世界一流能源互联网企业"，作为新时代国家电网公司的信息通信战略目标。2019 年，"泛在电力物联网"这个名词首次出现在国家电网公司的"两会"报告中。2019 年 1 月 13 日发布的国家电网公司 2019 年"1 号文件"中将"打造状态全面感知、信息高效处理、应用便捷灵活的泛在电力物联网"排在年度重点工作首位。至此，"泛在电力物联网"被视为是与电网融合发展的"第二张网络"，成为该公司与"坚强智能电网"相提并论的重点工作，其将综合应用物联网技术、大数据技术、人工智能技术等各项新技术，与新一代电力能源系统相互深度渗透和融合，实现能源电力生产与消费各环节中涉及的人和物的最大限度地实时在线互联，进而发展成为全面承载并贯通电网生产运行、企业经营管理和对外客户服务等业务的新一代信息通信系统。作为有力支撑我国能源互联网高效、经济、安全运行的基础设施，泛在电力物联网俨然已经成为电力能源领域战略性的新兴科研和产业发展方向❶。

1.2　电力物联网基本定义

1.2.1　电力物联网的概念

　　2010 年，中国电力科学研究院汪洋等人结合物联网的概念给出了电力行业对物联网的理解："物联网是一个实现电网基础设施、人员及所在环境识别、感知、互联与控制的网络系统。其实质是实现各种信息传感设备与通信信息资源（互联网、电信网甚至电力通信专网）的结合，从而形成具有自我标识、动态感

❶ 胡畔，周鲲鹏，王作维，等. 泛在电力物联网发展建议及关键技术展望［J］. 湖北电力，2019，43（01）：1-9.

知、按需融合、实时交互和智能处理、安全经济物理实体。实体之间的协同和互动，使得有关物体相互感知、高度协同和反馈控制，形成一个更加智能的电力生产、生活体系。"

同样在 2010 年，武汉大学李勋等人在智能电网及数字电网的框架下，结合射频识别（Radio Frequency Identification，RFID）等无线自动识别技术，首次提出了电力物联网（Internet Of Things In Power Systems，IOTIPS）的概念："电力系统各种电气设备之间，以及设备与人员之间通过各种信息传感设备或分布式识读器，如 RFID 装置、红外感应器、全球定位系统、激光扫描等装置，结合已有的网络技术、数据库技术、中间件技术等，形成的一个巨大的智能网络。"

虽然上述学者在对电力物联网理解或定义时的角度有所不同，但都突出了利用物联网技术来提高现有电网的智能性。显而易见，物联网是传统电网向智能电网转型的关键技术，它赋予电网"耳朵""眼睛""嘴巴"和"大脑"，使其从传统电网的被动接收结果、执行指令，向智能电网的主动应对故障、智能管理转变，打通发、输、配、用、变各环节中信息沟通和互动交流的壁垒，实现信息共享与实时互动，促进高度协同，提升智能化程度[1]。

2018 年的国网信通工作会议上就提出了"打造全业务泛在电力物联网，建设智慧企业，引领具有卓越竞争力的世界一流能源互联网企业建设"的工作目标，并提出了建设国网—电力物联网（electric Internet of Things，SG-eIoT）的技术规划。将综合运用"大云物移智"等信通新技术，与新一代电力系统相互渗透和深度融合，实时在线连接能源电力生产和消费各环节的人、机、物，全面承载并贯通电网生产运行、企业经营管理和对外客户服务等业务。在终端层表现为万物互联的连接能力，在网络层表现为无处不在、无时不有的通信能力，在平台层表现为对全景设备和数据的管控能力。整个 SG-eIoT 系统在技术上将分为终端、网络、平台、运维、安全五大体系，打通输电业务、变电业务、配电业务、用电业务、经营管理五大业务场景，通过统一的物联网平台来接入各业务板块的智能物联设备，制订各类电力终端接入系统的统一信道、数据模型、接入方式，以实现各类终端设备的即插即用[2]。

在 2019 年 1 月 13 日发布的国家电网公司 2019 年"1 号文件"中，排在年度重点工作首位的就是：推动电网与互联网深度融合，着力构建能源互联网。具体

---

[1] 傅质馨，李潇逸，袁越. 泛在电力物联网关键技术探讨 [J]. 电力建设，2019，40（05）：1-12.
[2] 电力界. 什么是泛在电力物联网？泛在电力物联网的含义 [EB/OL]. (2019-04-17). https://www.epcnn.com/sg/2409.html

内容是："持之以恒地建设运营好以特高压为骨干网架、各级电网协调发展的坚强智能电网。充分应用移动互联、人工智能等现代信息技术和先进通信技术，实现电力系统各个环节万物互联、人机交互，打造状态全面感知、信息高效处理、应用便捷灵活的泛在电力物联网，为电网安全经济运行、提高经营绩效、改善服务质量，以及培育发展战略性新兴产业，提供强有力的数据资源支撑。承载电力流的坚强智能电网与承载数据流的泛在电力物联网，相辅相成、融合发展，形成强大的价值创造平台，共同构成能源流、业务流、数据流'三流合一'的能源互联网。"

"一号文件"的重点工作之二是培育壮大发展新动能，创新能源互联网业态。其具体内容是：研究探索利用变电站资源建设运营充换电（储能）站和数据中心站的新模式，积极推动公司通信光纤网络、无线专网和电力杆塔商业化运营，拓展服务客户新空间。大力开拓电动汽车、电子商务、智能芯片、储能、综合能源服务等新兴业务，促进新兴业务和电网业务互利共生、协同发展。"一号文件"的重点工作之三是：扩大开放合作共享，打造能源互联网生态圈。具体内容是：充分利用电网数据、技术、标准优势，加强与新经济和互联网企业合作，积极参与新能源、智能制造、智能家居、智慧城市等新兴业务领域的开拓建设，加快构建围绕能源互联网发展的产业链、生态圈。

电力物联网是物联网在电力行业的具体应用，是电力设备、电力企业、电力用户、科研机构等与电力系统相关的设备及人员之间的信息连接和交互；它将发电企业及其设备、电力用户及设备、电网企业及设备、供应商及其设备、设计院、科研单位等人和物连接起来，产生共享数据，为发电、电网、用户、设备供应商、科研、设计单位和政府提供服务；以电网为枢纽，发挥平台和共享作用，为电力行业和更多市场主体发展创造机遇，提供价值服务。通过应用大数据、云计算、物联网、移动互联、人工智能、区块链、边缘计算等信息技术和智能技术，汇集各方面资源，为规划建设、生产运行、经营管理、综合服务、新业务新模式发展、企业生态环境构建等各方面，提供充足有效的信息和数据支撑。建设电力物联网是社会和科技发展的必然。电力物联网的提出受到了业界的广泛关注，尤其是信息及其相关产业。该概念涉及的内容包括了发电、输电、配电、用电等方面的技术问题和经济问题[1]。

从构架上来看，电力物联网包含感知层、网络层、平台层、应用层如图 1-1 所示。

---

❶ 陈麒宇. 泛在电力物联网实施策略研究［J］. 发电技术，2019，40（02）：99-106.

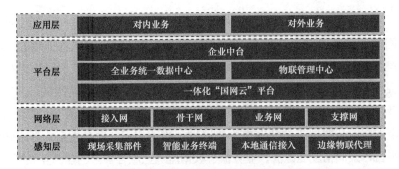

应用层	对内业务		对外业务	
平台层	企业中台			
	全业务统一数据中心		物联管理中心	
	一体化"国网云"平台			
网络层	接入网	骨干网	业务网	支撑网
感知层	现场采集部件	智能业务终端	本地通信接入	边缘物联代理

图 1-1 电力物联网的构架

从技术视角看，通过应用层承载对内业务、对外业务 7 个方向的建设内容，通过感知层、网络层和平台层承载数据共享、基础支撑两个方向的建设内容，技术攻关和安全防护两个方向的建设内容贯穿各层次。

电力物联网是能源技术革命和信息技术革命相互碰撞融合的产物，是物联网在电力领域的具体体现和应用落地。电力物联网是充分应用"大云物移智链"（即大数据、云计算、物联网、移动互联、人工智能、区块链）新技术，实现电力系统各个环节万物互联、人机交互（将所有与电网相关的人、事和设备连接起来），对内实现"数据一个源、电网一张图、业务一条线"，对外广泛连接内外部服务资源和服务需求，打造能源互联网生态和新的利润增长点。

电力物联网与坚强智能电网不可分割、深度融合，共同构成能源互联网，承载电网业务和新兴业务，为国家电网公司以互联网思维开展新业务、新业态、新模式，"再造一个国网"奠定物质基础，推动国家电网公司从电网企业向"三型"能源互联网企业转型，支撑数字国网、数字中国战略实现[1]。

1.2.2 互联网、物联网及联系

1. 互联网

互联网（internet），又称网际网路或因特网、英特网，是网络与网络之间所串连成的庞大网络，这些网络以一组通用的协定相连，形成逻辑上的单一巨大国际网络，如图 1-2 所示。这种将计算机网络互相连接在一起的方法可称作"网络互联"，在这基础上发展出覆盖全世界的全球性互联网络称"互联网"，即是"互相连接一起的网络"。互联网并不等同于万维网（World Wide Web），万维网只是一种基于超文本相互链接而成的全球性系统，且是互联网所能提供的服务

❶ 殷树刚，许勇刚，李祉岐，李宁，孙磊，刘圣龙，王利斌，冯磊. 基于泛在电力物联网的全场景网络安全防护体系研究 [J]. 供用电，2019，36（06）：83-89.

之一。单独提起互联网，一般都是互联网或接入其中的某网络，有时将其简称为网或网络（the Net），可以通信、社交、网上贸易。

图 1-2 互联网

从互联网的工作方式上看，可以划分为以下两大块（见图 1-3）：

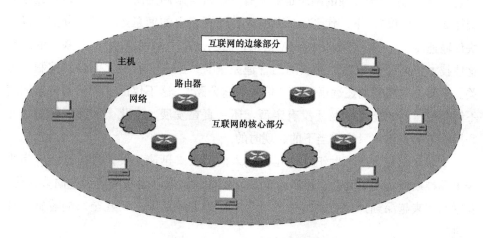

图 1-3 互联网的边缘与核心部分

（1）边缘部分：由所有连接在互联网上的主机组成，这部分是用户直接使用的，用来进行通信（传送数据、音频或视频）和资源共享。

（2）核心部分：由大量网络和连接这些网络的路由器组成。网络中的核心部分要向网络边缘中的大量主机提供连通性，使边缘部分中的任何一个主机都能够向其他主机通信（即传送或接收各种形式的数据）。

互联网的主要特点：

1) 通信（即时通信，电邮，微信，QQ）。

2) 社交（微博，空间，博客，论坛）。

3) 网上贸易（网购，售票，工农贸易）。

4) 云端化服务（网盘，笔记，资源，计算等）。

5) 资源的共享化（电子市场，门户资源，论坛资源等，媒体，游戏，信息）。

6) 服务对象化（互联网电视直播媒体，数据及维护服务，物联网，网络营销，流量等）。

互联网在现实生活中应用很广泛。在互联网上人们可以聊天、玩游戏、查阅资料等。更为重要的是在互联网上还可以进行广告宣传和购物。互联网给人们的现实生活带来很大的方便。

互联网是全球性的，其结构是按照"包交换"的方式连接的分布式网络。在技术层面上，互联网绝对不存在中央控制的问题。与此同时，这样一个全球性网络，必须要有某种方式来确定联入其中的每一台主机。这样，就要有一个固定的机构来为每一台主机确定名字，由此确定这台主机在互联网上的"地址"。同样，这个全球性的网络也需要有一个机构来制定所有主机都必须遵守的交往规则（协议）。下一代 TCP/IP 协议将对网络上的信息等级进行分类，以加快传输速度（比如，优先传送浏览信息，而不是电子邮件信息）。互联网的所有这些技术特征都说明对于互联网的管理完全与"服务"有关，而与"控制"无关。事实上，互联网还远远不是"信息高速公路"。这不仅因互联网的传输速度不够，更重要的是互联网还没有定型，还一直在发展、变化。因此，任何对互联网技术的定义也只能是当下的、现时的。

全球互联网自二十世纪九十年代进入商用以来迅速拓展，目前已经成为当今世界推动经济发展和社会进步的重要信息基础设施。互联网应用走向多元化。互联网越来越深刻地改变着人们的学习、工作及生活方式，甚至影响着整个社会进程。

2. 物联网

早在 1995 年，比尔·盖茨在其《未来之路》一书中已提及物联网。1999年，美国麻省理工学院成立 Auto-ID 研究中心，给出"物联网"最早的定义：把所有物品通过射频识别（RFID）和条码等信息传感设备与互联网连接起来，实现智能化识别和管理。2005 年，国际电信联盟（ITU）发布了《ITU 互联网报告 2005：物联网》，正式将"物联网"称为"The Internet of Things"，对物联网的概念进行了扩展，提出了任何时刻、任何地点、任意物体之间互联，无所不在的网络和无所不在的计算❶，如图 1-4 所示。

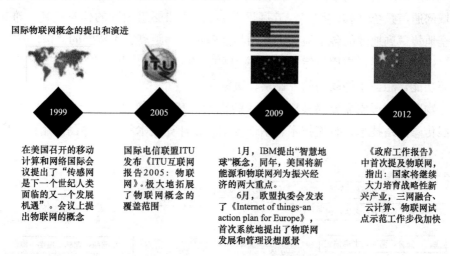

图 1-4　物联网概念的提出和演进

物联网处在不断发展之中，至今没有统一的定义，众说纷纭。但国际通用的物联网定义是：通过射频识别（RFID）、红外感应器、全球定位系统、激光扫描器等信息传感设备，按约定的协议，把任何物品与互联网连接起来，进行信息交换和通信，以实现智能化识别、定位、跟踪、监控和管理的一种网络。

物联网是互联网的应用拓展，应用创新是物联网发展的核心，以用户体验为核心的创新 2.0 则是物联网发展的灵魂。物联网的本质概括起来主要体现在三个方面：一是互联网特征，即对需要联网的物一定要能够实现互联互通的互联网络；二是识别与通信特征，即纳入物联网的"物"一定要具备自动识别与物物通信的功能；三是智能化特征，即网络系统应具有自动化、自我反馈与智能控制的特点。

虽然物联网的定义目前没有统一说法，但物联网的技术体系结构基本得到统一认识，分为感知层、网络层、应用层三个大层次❷。

---

❶　杜经纬，李海涛，梁涛. 国内外物联网研究现状及展望［J］. 世界科技研究与发展，2013，35（03）：408-416.

❷　龚钢军，孙毅，蔡明明，吴润泽，唐良瑞. 面向智能电网的物联网架构与应用方案研究［J］. 电力系统保护与控制，2011，39（20）：52-58.

(1)感知层：感知层是主要用于采集物理数据，包括各类物理量、身份标识、位置信息、音频、视频数据等。物联网的数据采集主要通过传感器、RFID、二维码、多媒体信息采集等技术。

(2)网络层：网络层的功能是完成大范围的信息沟通，主要借助于已有的广域网通信系统（移动网络、互联网等），把感知层感知到的信息快速、准确、安全地传送到地球的各个地方，使物品能够进行远距离、大范围的通信。

(3)应用层：应用层完成物品信息的汇总、协同、共享、互通、分析、决策等功能，相当于物联网的控制层、决策层。

物联网的形成需要很多科学技术的支持，其中关键技术主要有 RFID 技术、无线传感网络技术、智能技术、纳米技术、云计算技术等。物联网应用体系❶如图 1-5 所示。

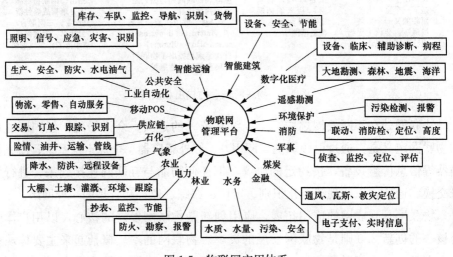

图 1-5　物联网应用体系

1.3　建设电力物联网的意义

随着社会时代的进步，大数据、人工智能等技术已经取得了突飞猛进的发展，电力物联网可以为用户提供更加科学合理的用电指导策略和更加智慧便捷的用电新生活。在社会层面上，电力物联网建设必然对通信业、互联网等周边产业形成带动，促进上下游产业协调发展，有助于各方共同建立起互惠共赢的

---

❶　汪洋，苏斌，赵宏波. 电力物联网的理念和发展趋势［J］. 电信科学，2010，26（S3）：9-14.

能源互联网生态圈。在经济层面上，电力物联网在降低社会整体用能成本的同时，还可以为相关企业开辟新的盈利渠道；在环境层面上，电力物联网建设可以实现电力系统的源、网、荷、储各个环节的协调和运转，保证清洁能源顺利消纳，降低碳及其他污染物的排放。

由此，我们要将电力物联网广泛应用在统一感知、实物 ID 应用、精准主动抢修、虚拟电厂、智慧能源服务一站式办理、大数据应用等领域，主体赋能新兴业务，满足客户多元用能需求，从而全面形成共建共治共享的能源互联网生态圈，为用户提供更加科学合理的用电指导策略和更加智慧便捷的用电新生活，助力国家经济社会跨越发展❶。

对国家经济发展而言，电力物联网至少有六个方面积极作用：①将有力支撑经济战略转型，它体量大、覆盖广、动能强，成为工业互联网在行业落地的典范和带动与支撑；②提高新能源的消纳能力，促进新能源发展，实现我国能源结构变革，提高能源安全和绿色水平；③将降低全社会的能耗，通过能源体系各环节的全面感知，能源供给和消费的全面在线，实现优化配置；④把所有与电相关的物全面连接起来，助力国家互联网与物联网的建设与融合，驱动新一轮的互联网经济；⑤将大量应用先进的传感、感知及芯片、5G 等先进技术的泛在通信网络平台，也将大量应用人工智能的技术与算法；⑥以互联网效应来带动众多产业和经济社会发展，成为我国数字化建设的重要基础设施，为经济高质量发展提供新动能。

电力物联网将电力用户及其设备，电网企业及其设备，发电企业及其设备，供应商及其设备，以及人和物连接起来，产生共享数据，为用户、电网、发电、供应商和政府社会服务。由此，我们要以电网为枢纽，发挥平台和共享作用，共同构成能源流、业务流、数据流"三流合一"的能源互联网，进而支撑"三型两网"世界一流能源互联网企业建设❷。

1.3.1 对电力系统运行的影响

1. 电力物联网对发电厂部分稳定性作用

发电厂作为电能的制造单位，是整个电网的支柱，没有稳定的发电环节，整个电网的稳定性无从谈起。电力物联网在发电厂设置大量的温度传感器、压

---

❶ 北极星电力网农电. 让泛在电力物联网开启智慧用能生活 ［EB/OL］.（2019-06-27）. http：//m. bjx. com. cn/mnews/20190627/988916. shtml.

❷ 北极星电力网农电. 泛在电力物联网有什么作用？［EB-OL］.（2019-07-01）. http：//m. bjx. com. cn/mnews/20190701/989453. shtml.

力传感器、速度传感器、位移传感器、振动传感器和电流电压传感器等，对发电厂中发电机和变压器等设备进行实时监测，将实时信息发送到厂级系统中，系统对信息进行分析，迅速发现和解决异常情况，并进行预警动作。所有的信息都经过专家系统进行分析，能根据大电网反馈的信息进行及时地调整。通过人机交互界面，操作人员可以清晰地查看系统运行和调整情况，并能调出历史记录，而系统对于没能通过自我调节解决的问题进行预警，联系相应的人员进行人工操作。通过厂级电力物联网可以保证发电厂内部稳定持续的良好运行，实现电能的优化生产和安全经济生产。

对于某些新能源电厂，如风电厂、太阳能电厂等，设置传感器设备对实时风力和光照等进行监测和预测。在风力和光照良好的情况下优先使用新能源电站，通过大电网系统减少化石燃料电厂的产能任务，在风力和光照条件差的时候提高化石燃料电厂承担的负荷量，从而可以优化新能源的利用和入网。

2. 电力物联网对变电站的稳定性作用

智能变电站是坚强电网的重要基础和支撑，设备信息数字化、功能集成化、结构紧凑化、检修状态化是追求变电站运行维护的高效化目标的研究方向。采用电力物联网构建变电站可以通过大量的传感装置和智能化分析决策辅助系统实现无人值班及区域监控中心站管理模式，可以接收执行监控中心、调度中心系统发出的指令，经过安全校核正确后自动完成符合相关运行方式变换要求的设备控制。能自动生成设备和网络的安全措施卡，指导检修设备进行可靠、有效的安全隔离。通过在线监测与实时分析诊断，能对站内主要设备健康状况进行监测，尽早发现、解决异常情况。自主生成图形图像信息，直观地反映整个变电站的所有运行信息。电力物联网的应用，对于变电站的稳定性运行有着极大的提高，相较传统变电站可以更好的保证运行的稳定性。

3. 电力物联网对输电线路稳定性运行的作用

除了良好的发电站和变电站外，输电线路的稳定对电网的稳定性影响更大，没有持久稳定的输电线路，肯定不能拥有持久稳定的电网，所以加强输电线路的稳定运行是极其必要的。输电线路不稳定因素主要来源于输电线路故障，所以要加强输电线路的稳定性，可以通过加强对故障的预防或及时发现线路的异常信息并排除异常保证电路正常运行，通过电力物联网的传感设备可以对线路进行监控，并将测量的实时信息通过无线网络传给智能化分析系统，对实时线况进行分析，尽早排查出异常情况。将解决方案再传回调节装置进行调控，进而实现减少线路故障的要求。对于不能通过自主调节排除的异常报警通知运行人员进行修理。

4. 电力物联网对配电网运行的作用

构建电力物联网支撑建设坚强智能电网以及能源互联网，对保障电网弹性安全运行、实现异质能源友好接入、服务用户精细化用能具有重要意义。配电网作为电力系统连接产—销两端的关键中间环节，依靠泛在电力物联网技术将全面提升其深度感知与精细控制能力，促使配电网由传统的"源—荷"单向供能模式向"源—荷"双向能量流动模式转变，并赋予配电网能源数据共享、服务提供的新型角色。

对于配电网而言，电力物联网建设将极大程度提升配网运行状态的全面感知能力，保障分布式能源的友好接入，提高对新型负荷的弹性承载力，满足用户多样性用能需求，促进电网运营部门向枢纽型、平台型、共享型企业转型。

现阶段，配电网决策过程中信息化手段和技术支撑还不完备，电力设备存在随坏随修、随检随修的现状。然而高比例间歇性能源与新型负荷的快速增长对配电网供电可靠性与供电质量的要求越来越高。电力物联网技术的应用，能够使配网系统实时感知电力设备的运行状态，评估配电网运行风险，从而及时排除故障隐患，主要表现在：①在线监测手段进一步丰富。依托于健壮的通信系统，使得原先仅能通过电气量甚至人工现场判定的故障类型能够通过多种方式辨识。②安全风险评估。对配电网历史运行数据进行聚类分析和挖掘，并利用机器学习等人工智能方法开展配电网运行状态实时风险评估，及时发现系统薄弱环节，提高供电可靠性。

对于高度信息化、异质能源混杂的未来配电系统，现有配网规划方法将不再完全适用。就配电系统自身而言，电网与用户间的界限逐渐模糊。现阶段与居民用户紧密联系的电力、交通、热力、燃气等系统均是各自独立规划，而未来配电网将作为区域能源系统的核心与枢纽，将承担诸如电、水、气、热等异质能源梯级利用、消纳与转化、协同优化运行的责任。因此，未来需将配电系统与其他系统统一协调规划，从而满足综合能源系统在大时空范围能源配置的需求。在电力物联网下，配电网规划运行具备更多的自主灵活性。主要表现在：①基于电力系统运行大数据、用户用能大数据与其他能源系统运行大数据，建立高精度、细粒度的电力负荷时空分布预测模型。进而依托电力物联网边缘计算技术，实现分布式电源、有载调压变压器、储能系统及用户负荷的精确调控，通过灵活快速改变配电网拓扑与潮流分布，提升在不确定因素下配电网运行的弹性。②对海量配电网运行数据、综合能源系统数据以及用户侧用能数据统一存储与管理，并基于电力数据中心平台及先进的云计算技术，根据异质能源在响应速度、调节能力、时空分布的差异特性，制定综合能源系统的协调运行方案，实现多种能源的统一调度、相互转化、高效存储与友好消纳。

1.3.2 对电力行业的影响

1. 助力能源体制革命

电力物联网能够助力能源体制革命，利用国家电网公司"枢纽"和"平台"优势，以电力物联网的建设运营为契机，构建互惠共赢的能源互联网生态圈，发展共享经济和平台经济，创新能源电力系统的运营管理机制，实现电网上下游及周边产业各类主体协调发展。能源互联网生态圈涵盖能源"发—输—配—用"各环节的企业、用户及上下游的设备制造商、互联网公司、政府部门、科研院所、金融公司等主体。建设互惠共赢的能源互联网生态圈就是发挥电网公司、发电企业、设备制造商、互联网公司等各类主体优势，打通服务流、信息流、资金流与技术流，提升资源要素配置效率，为能源电力系统的转型升级和能源互联网的快速发展创造良好平台，以共享经济、平台经济的发展模式创新能源电力系统运营的体制机制，进而推动能源体制革命。

2. 助力能源技术革命

电力物联网助力能源技术革命，电力物联网内的平台、设备都要求高度智能化、精确化和标准化，将给原有的智能电网、信息化管理技术体系带来深刻变革。一是感知层的系统末梢信息数据采集，设备级乃至元件级的信息将能够被及时感知；二是网络层的电力信息即时、安全、大容量传输，"源网荷储"各环节、各主体的信息将能够被实时送达；三是平台层的电力信息大规模、标准化存储和智能化处理，各主体、各业务领域的信息数据将能够被统一、智能、规范管理；四是应用层的电力信息有效应用，支撑管制性输配电业务、竞争性综合能源服务及互惠共赢能源互联网生态圈建设等多种业务的开展。同时，电力物联网的信息—物理融合特性也将推动能源领域的技术框架和信息通信领域的技术体系紧密融合，带动诸如能源大数据、能源区块链等一批新技术的发展和应用，为能源技术开辟全新的研究方向，从而推动和支撑能源技术革命❶。

3. 提升业务效率及竞争力

建设电力物联网的战略意义：①能提升国家电网公司对内业务效率，实现数据一次采集或录入、共享共用，实现全电网拓扑实时准确，端到端业务流程

---

❶ 中国储能网. 泛在电力物联网与能源革命［EB-OL］. (2019-07-03).

在线闭环，全业务统一入口、线上办理，全过程线上即时反映。最终对内实现"数据一个源、电网一张图、业务一条线"。②可以提升国家电网公司对外业务的竞争力，建成"一站式"服务的智慧能源综合服务平台，各类新兴业务协同发展，形成"一体化联动"的能源互联网生态圈，最终实现对外广泛连接内外部，上下游资源和需求，打造能源互联网生态圈，适应社会形态、打造行业生态、培育新兴业态，支撑世界一流能源互联网企业建设。

4. 推动综合能源服务

电力物联网打造以"用户为中心"的综合能源服务平台，为电网公司与用户之间提供广阔的沟通平台。综合能源服务平台围绕能效管理、需求响应和电力交易三方面内容，提供能源互联网用户服务，拓展能源消费新模式，满足用户多样化用能需求，引导用户积极参与综合能源服务体验，促进综合能源新模式、新体系、新业态推广普及。

1.3.3 建设电力物联网的战略意义

发展建设电力物联网是当今社会发展的必然要求。物联网是全球信息产业的发展方向，在交通、旅游、教育、现代农业等其他行业取得了广泛的应用与成效。"电力物联网建设"多次出现在政府工作报告中，国家和政府十分重视对电力物联网的建设。目前已建立多个物联网研究中心，并且将电力物联网列入战略性新兴产业，积极制定相关行业标准和规范。

发展建设电力物联网是国家电网公司应对新形势下能源行业变革的重要举措。在应对电网形态变化方面：通过建设电力物联网，广泛开发应用清洁能源，对电力系统设备实施智能化管理，提升电网高效运维管理。在应对企业经营瓶颈方面：通过建设电力物联网，转变公司传统盈利模式，发挥产业规模优势，拓展增值业务。在应对社会经济形态变化方面：通过建设电力物联网，主导客户资源，连接上下游产业，打造能源服务新生态圈。

发展建设电力物联网是"三型两网"战略的关键环节。当前，能源电力行业处于快速变革和发展时期，国家电网公司提出的"三型两网"战略体系一方面是满足"三大改革"要求的重要举措。"三大改革"要求国家电网公司必须向"三型"企业转型。一是国有企业改革，要求国家电网公司发挥其枢纽型的产业属性优势，建设具有全球竞争力的世界一流企业；二是能源革命与供给侧改革，要求国家电网公司发挥其平台型的网络属性优势，支撑大规模可再生能源并网消纳；三是电力体制改革，要求国家电网公司发挥其共享型的社会属性优势，配合做好电力市场建设工作。随着电力企业的转型升级发展，未来全社会用电、用能将更加清洁、高效、便捷。当前，能源向绿色低碳转型成为必然趋势。国家电网公司作为传统能源企业，提出建设三型两网是应对新形势的重要举措，是贯彻落实中央、国务院"推进能源生产和消费革命，构建清洁低碳安全高效的能源体系"决策部署的具体体现。

1.4　电力物联网的业务领域

电力物联网在纵向上实现设备状态信息、电力事件信息、生产运行信息、经营管理信息与决策支持信息的贯通，将能源设备、IT 网络、业务人员上全面连接在一起；在横向上延伸至电力上下游生产、消费环节，并支持面向冷、热、气、水多种能源的扩张。最终形成一张纵向到底、横向到边的综合能源信息网络。

1.4.1　业务需求分析

技术创新终需要服务于业务应用，电力物联网的搭建也应当先围绕一些明确的业务场景，具体包括以下几个方面：

（1）数字化企业：以支撑电网企业数字化转型为导向，全面承载并贯通电网生产运行、企业经营管理和对外客户服务等业务，进一步提升公司的业务信息化、管理透明化、决策智能化、执行自动化水平，促进电网安全经济运行、提高经营绩效、改善服务质量。

（2）市场化交易：以支撑源、网、荷、储高效互动为目标，接入多种类型的市场主体，发展跨省（区）、省级（区域）电力批发与零售市场体系，丰富中长期、现货交易类型，创新辅助服务保障系统调节资源的充足性，促进清洁能源消纳，并以价格信号指引冷、热、气、电多种能源的协同优化。

（3）生态化服务：以支撑综合能源服务发展为指引，创新面向用能企业的 Web 与 APP 应用，通过多种手段与渠道不断增加平台用户数与用能数据，积累流量资源，持续吸引生态合作伙伴加入平台，颠覆传统综合能源服务模式，创新平台化服务内容，让用能企业享受到性价比更高的各类综合能源服务，重塑新的生态体系。

（4）商业化运营：以支撑现有资源商业化运营为驱动，研究探索利用变电站资源建设运营充换电（储能）站和数据中心站的新模式，积极推动公司通信光纤网络、无线专网和电力杆塔商业化运营，主动探索国家电网公司数据、技术、渠道、客户等各类资源的开放共享，大力开拓电动汽车、电子商务、智能芯片、储能等新兴业务，不断拓展服务客户新空间。

（5）智慧化能源：以支撑综合能源智慧运行为引导，接入多种类型的源、网、荷、储（充）设施，在线跟踪、准确预测能源供需状态，及时掌握运行约束，可以结合主网价格信号进行用户、园区、地区、省市、全网范围的最优控制与平衡，实现微网、充电网、分布式资源与主网的协调优化及冷、热、气、电多能协同。

1.4.2 电力物联网平台功能架构

数字化企业带来的是提质增效，是存量基础上的进一步优化。市场化交易（零售侧）、生态化服务、商业化运营、智慧化能源更多的是面向行业上下游环节的外部主体，是开拓新业务新业态。承接 4 大类业务需求，通过紧紧围绕电力物联网这个枢纽，大力推动电网公司现有各类资源的共享应用，打造"六位一体"业务支撑平台，将在拉动上下游主体共同发展、重塑能源生态的同时，再造一个新的"国家电网"，实现多方共赢。

1. 电力物联网技术支撑平台——发展技术生态

细化各业务领域的功能、数据、性能与安全需求，按照"云—管—边—端"的架构进行分层部署，整合各业务领域需求，设计各层的软件、硬件产品及功能，明确总体安全要求及应用标准。

（1）状态感知与控制终端的研究应用。综合各类数据采集需求，研究确定覆盖全面、成本低廉的终端监测、传感设备类型组合，实现多种数据项的标准化、集约化采集，根据业务需要进行变频上传，并支持快速部署与扩展。

（2）边缘侧智能决策和数据服务产品的研究应用。研制边缘侧物联设备、升级传统的站端系统，支持接入多种类型传感器、智能设备或其他站端系统，能对数据进行处理并上传云端，并可针对反应速度要求高的场景智能决策与自动控制。

（3）数据传输技术的研究应用。通过软件定义网络架构实现多种 4G、5G、宽带、光纤等多种通信方式融合的网络资源综合管理与灵活调度；研究制定物联网上行与下行通信标准协议，支持不同频度、规模的数据边缘侧与云端采集传输需求。

（4）云端平台的搭建。设计面向数据贯通、信息融合的标准数据模型，实现平台在物联网架构下的全面云化；集成多类型开发工具、标准化共享服务组件，提供强大的离线与在线数据存储、处理、计算与查询能力，支撑敏捷的应用产品开发与配置实施；打造功能强大的数据分析能力，实现对数据的快速分析、挖掘与展示。规范 API 接口，支撑数据面向上下游的开放共享。

电力物联网技术支撑平台将为各类内外部 IT 开发者和用户提供开发工具、环境与 API 接口支持，支持快速打造适应多类场景要求的产品与应用，未来可以发展出 APP 商店类型的物联网技术生态。

2. 用户服务门户——打造流量入口

创新用户接入的应用场景，综合用户侧能源数据和公司内部生产、调度、影响信息，打造面向用户的平台，以轻资产模式实现海量用户的接入与高频点击，构造能源用户"线上集市"，打造综合能源服务的用户流量入口。平台企业需要跟接入平台的企业发展关系、形成黏性，这才是有效用户，也就是平台上的企业用户会真正使用平台，并且满意平台的服务体验。互联网僵尸粉其实没有什么价值，因为无法支撑互联网公司商业网络的建立。流量就是人气，有人气自然有业务、有价值。人气越高，业务、价值潜力就越大。

3. 生态服务平台——综合能源服务模式闭环与生态建设

（1）探索互联网平台化的综合能源服务开展新模式。梳理综合能源服务目录，基于流量入口的用户与数据积累，研究综合能源服务线上商机挖掘模型，实现平台化的商机挖掘、合同签订、落地实施、结算支付与效果评价，降低综合能源服务项目的前期开发、商务洽谈与建设实施成本。

（2）塑造开放共享的综合能源服务新生态。引入多种类型的综合能源服务厂商进驻平台，形成连接用户、厂商的商业网络，以多赢合作的模式开展各类服务；并以电力物联网为支撑，融合面向多种应用场景的功能模块，构建对生态伙伴线下服务的统一线上支撑系统。通过平台化运作，持续扩大平台上的交易流水金额，将会在短时间内塑造一个全新的互联网平台生态。

4. 电力零售交易平台——生态服务平台的延伸

一端接入购电用户，另一端引入零售商；通过平台撮合零售电力交易，让用户能够方便地选择套餐，开展用电权转移交易，让零售商可以代理更多的用户电量，让市场更加活跃，流动性更强。这一模式依赖于批发电力市场的建设，只有批发市场健全，零售平台运营创新才有机会。但一旦批发市场成熟，外面成熟的互联网电商平台也就会趁机加入竞争。

5. 智慧能源运营管控平台——标准、集约化调控支撑经济供能

在传统能源网络之外，随着增量配网、微网、车联网、用户与园区侧的泛能源网络大规模发展，它们的有效管理将成为必要的业务，将可以创新发展面向此类系统的新型能源系统运营商，负责经济运营、高效管理此类系统，为用户提供供能服务。

6. 商业运营平台——创新新业务

（1）发展面向生态发展的增值服务。找准生态合作伙伴及终端用户的需要，探索创新综合能源服务项目实施所需的投资、信用、保险、培训服务形成与生态合作伙伴的有效互补。

（2）开拓综合能源服务新业务。在生态构建的基础上，发挥公司自身优势，布局能源发展关键领域，大力开拓电动汽车、电子商务、储能、物联网平台服务等新型业务，促进新业务与电网业务的协同发展。

（3）利用平台支撑电网公司数据、技术、渠道、客户等各类资源的开放共享，探索利用变电站资源建设运营充换电（储能）站和数据中心站的新模式，积极推动公司通信光纤网络、无线专网和电力杆塔商业化运营❶。

---

❶ 中国分布式能源网. 泛在电力物联网业务需求分析［EB-OL］.（2019-03-13）. http：// www. chinaden. cn/news_nr. asp？id＝21151＆Small_Class＝3.

2 电力物联网平台构建

电力物联网是一个开放的体系架构，需要多种技术的支撑。从技术角度分析，电力物联网可分为感知层、网络层、平台层、应用层四个层次❶。感知层利用传感器等智能设备，负责对电力系统各环节的业务对象进行实时感知和数据信息采集；网络层利用先进通信技术对感知层采集的信息进行数据的传递与共享。平台层负责对网络层传输的信息进行存储、筛选和数据挖掘等处理，为各类应用提供数据基础；应用层承载电力物联网的各类应用业务，能源服务商可实现应用开发，用户可便捷获取服务。其关键技术主要设计数据采集、智能监测、大数据分析与挖掘、数据交换与共享等方面，以及平台管理和移动 APP 开发应用。

2.1 数 据 采 集

2.1.1 数据采集

数据采集（DAQ，Data Acquisition），是指从传感器和其他待测设备等模拟和数字被测单元中自动采集非电量或者电量信号，送到上位机中进行分析、处理。数据采集系统是结合基于计算机或者其他专用测试平台的测量软硬件产品来实现灵活的、用户自定义的测量系统。

数据采集的目的是为了测量电压、电流、温度、压力或声音等物理现象。基于 PC 的数据采集，通过模块化硬件、应用软件和计算机的结合，进行测量。尽管数据采集系统根据不同的应用需求有不同的定义，但各个系统采集、分析和显示信息的目的却都相同。数据采集系统整合了信号、传感器、激励器、信号调理、数据采集设备和应用软件。在电力系统中，需要采集的数据信息包括

❶ 杨东升，王道浩，周博文，陈麒宇，杨之乐，胥国毅，崔明建. 泛在电力物联网的关键技术与应用前景［J］. 发电技术，2019，40（02）：107-114.

电压、电流、电磁、电场等电气量，温度、湿度、压力、位移、角度、振动、加速度、重量、微气象等非电气量。

电力物联网体系中的数据采集主要是射频识别技术、二维码、全球定位系统、摄像头、传感器网络等感知、捕获、测量技术手段组成。广泛存在的各种类型采集和控制模块，构成了感知层，主要任务是完成电力物联网应用的信息感知、数据采集，是电力物联网的基础。依靠电力物联网建立的庞大终端传感器等采集设备，运维管理人员可以从发、输、变、配、用各环节的各类设备上采集所需的数据信息。感知层"发－输－变－配－用"各环节设备产生了海量数据，数据来源不同，数据类型不同，数据长短各异，导致数据之间存在壁垒，难以上下统一贯通利用，建立统一的数据平台标准，可以提高数据质量和实时共享性。

2.1.2 射频识别技术及其应用

1. 射频识别技术

射频识别技术（RFID）是 20 世纪中期进入实用阶段的一种非接触式自动识别技术，是利用射频信号及其空间耦合和传输特性，通过无线电信号识别特定目标并读写相关数据，而无须识别系统与特定目标之间建立机械或者光学接触，实现对静止或移动物体的自动识别的技术[1]。RFID 技术的基本工作原理并不复杂：标签进入磁场后，接收解读器发出的射频信号，凭借感应电流所获得的能量发送出存储在芯片中的产品信息（无源标签或被动标签），或者由标签主动发送某一频率的信号（Active Tag，有源标签或主动标签），解读器读取信息并解码后，送至中央信息系统进行有关数据处理。射频识别系统的组成如图 2-1 所示。

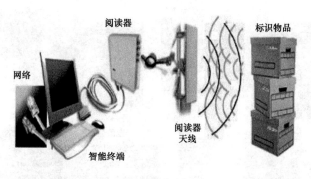

图 2-1　射频识别系统的组成

---

❶ 任少杰，郝永生，许博浩. 射频识别技术综述［J］. 飞航导弹，2015（01）：70-73.

射频识别的信息载体是电子标签，其形式有卡、纽扣等多种标签表现形式。电子标签一般安装在产品或物品上，由射频识读器读取存储于标签中的数据。某些标签在识别时从识别器发出的电磁场中就可以得到能量，并不需要电池；也有标签本身拥有电源，并可以主动发出无线电波（调成无线电频率的电磁场）。标签包含了电子存储的信息，数米之内都可以识别。与条形码不同的是，射频标签不需要处在识别器视线之内，也可以嵌入被追踪物体之内。射频识别系统最重要的优点是非接触识别，它能穿透雪、雾、冰、涂料、尘垢和条形码无法使用的恶劣环境阅读标签，并且阅读速度极快，大多数情况下不到 100ms。有源式射频识别系统的速写能力也是重要的优点。可用于流程跟踪和维修跟踪等交互式业务。

电子标签最大的优点有以下几方面：

（1）可以实现非接触、无视觉识别，因此完成产品识别工作时无须人工干预，便于实现自动化。

（2）阅读距离远，识别速度快，可实现远距离监测物品快速进入仓库。

（3）可进行多目标同时读取，便于监测大量物品同时进入仓库。

（4）电子标签相对于条码来说是进行单个产品的标识，因此便于通过物联网来实时获取产品信息。

2. 射频识别技术的应用

RFID 可以用来追踪和管理几乎所有物理对象。采用 RFID 最大的好处在于可以对企业的供应链进行高效管理，以有效地降低成本。RFID 技术应用场景如图 2-2 所示。

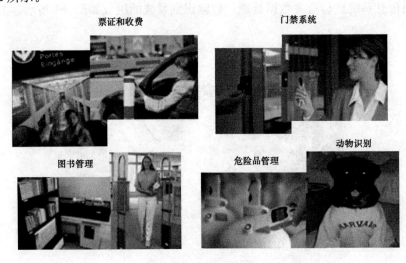

图 2-2　RFID 技术应用场景

典型应用：物流和供应管理、生产制造和装配、航空行李处理、邮件/快运包裹处理、文档追踪/图书馆管理、动物身份标识、运动计时、门禁控制/电子门票、道路自动收费、一卡通、仓储塑料托盘、周转筐等❶。

应用案例：基于物联网技术的公交停车场站安全监管系统，主要由车辆出入口管理系统、场站智能视频监控系统两部分组成，利用先进的"物物相连技术"，将用户端延伸和扩展到公交车辆、停车场站中的任何物品间进行数据交换和通信，全面立体的解决公交行业监管问题。

2.1.3 传感器技术及其应用

1. 传感器技术

传感器是一种智能检测装置，能感知被测量的信息，可以感知热、力、光、电、声、位移等信号，并能将检测感受到的信息，按一定规律变换成为电信号或其他所需形式的信息输出，以满足信息的传输、处理、存储、显示、记录和控制等要求❷。传感器是机器感知物质世界的"感觉器官"。传感器的类型多样，可以按照用途、材料、输出信号类型、制造工艺等方式进行分类。纳米技术的应用，不仅为传感器提供了优良的敏感材料，而且为传感器制作提供了许多新方法，极大地推动了传感器的制造水平，拓宽了传感器的应用领域，推动了传感器产业的发展。

智能传感是电力物联网感知层的核心技术，传感器是物联网服务和应用的基础，是能源互联网的感知神经末梢，是电力调度、保护测控、安全运维、在线监测的基础设施组成单元，被视为"电力三次设备"。随着物联网技术在电力系统中的应用，在电力生产、输送、消费、管理各环节，广泛部署了具有一定感知能力、计算能力和执行能力的智能传感装置，促进电网生产运行及企业管理全过程的全景全息感知、信息融合及智能管理与决策。传感器在电网安全稳定运行中发挥着基础而广泛的作用，是电网信息物理融合的基础。

2. 电力物联网中的传感器应用与发展

电力物联网中的传感器可以十分方便地根据电力行业的具体应用需求，部署在电力系统的各个角落或直接封装于电力设备内部，实现无处不在的全面感知。

（1）液位传感器：利用流体静力学原理测量液位，是压力传感器的一项重要应用，适用于设备液体监测。

---

❶ 陈新河. 无线射频识别（RFID）技术发展综述 [J]. 信息技术与标准化，2005（07）：20-24.
❷ 刘国玲. 传感器原理应用及发展前景 [J]. 科技风，2019（18）：95.

（2）速度传感器：是一种将非电量（如速度、压力）的变化转变为电量变化的传感器，适用于速度监测。

（3）加速度传感器：是一种能够测量加速力的电子设备，适用于电力环境监视。

（4）湿度传感器：分为电阻式和电容式两种，产品的基本形式都为在基片涂覆感湿材料形成感湿膜。空气中的水蒸气吸附于感湿材料后，元件的阻抗、介质常数发生很大变化，从而制成湿敏元件，适用于电力设备环境湿度监测。

（5）气敏传感器：是一种检测特定气体的传感器，适用于如变压器等一氧化碳气体检测等。

（6）红外线传感器：利用红外线的物理性质来进行测量的传感器，常用于无接触温度测量、气体成分分析。

（7）视觉传感器：能从一整幅图像捕获光线数以千计的像素，工业应用包括检验、计量、测量、定向、瑕疵检测和分检。

由于电力系统的规模庞大、结构复杂，因此需要部署成千上万个传感设备。这就要求进一步实现传感设备的简单化、低成本、低功耗和高度集成化，同时应当封装无线通信功能以减少布线等网络基础架构的部署，以大幅度降低电力物联网构建的成本和难度，便于实现众多的物联网设备与电力系统的无缝集成。由于有些传感器甚至直接置于电力设备内部，因此还需要进一步实现传感设备的小型化、微型化，以及需要考虑电磁兼容技术等。目前，一些新型传感器的设计和研发可为电力物联网的发展提供很多有益的参考，如仿生学传感器、纳米材料传感器、生物芯片等。

通常情况下物联网的应用是以具体事件、任务和目标为驱动的，即传感设备根据具体的应用需求进行信息的感知和获取。因此，物联网应用于电力系统中，也必然要针对特定的应用环境设计具有特定功能的新型传感设备。例如，已初步应用于智能家居中的智能家居空间占用传感器、泄漏和水传感器等。利用智能家居空间占用传感器，户主可以实时监控房屋内和周围的所有活动，从而使房屋免受入侵和破坏。而泄漏和水传感器则会在一旦发现泄漏的情况下立即向房主发出警报以便及时采取措施。

作为电力物联网发展的基础和最为关键的一环，高精度、含多维特征参量的智能感知技术及状态信息全局智能化终端及其布局技术是发展电力物联网不可或缺的一环。

对于电力设备层智能化传感装置，首先要保证电力设备复杂工况下多维特征参量数据的有效性。电力物联网中智能化传感装置面对复杂的电力设备工况应保证多维特征参量（光学、电磁、声学信号）传感采集的精度，保证感知信息的可靠性。同时，为了提高系统数据处理分析的效率，智能化传感装置应具备设备状态可靠性评估的能力，将智能传感器件与电气设备本体一体化融合。对于系统层面的智能化感知技术，不仅需要研究基于电力线的电网状态传感技术，而且需要研究电力设备状态参量建模、数据聚合与故障诊断定位技术，并制定适应不同电气设备需求的智能传感器标准，发展适用于各种工况下的能源电力智能传感器群。

发展能源信息感知技术不仅仅需要发展传感器设备，还需要构建智能化终端，保证智能化终端的即插即用及业务终端统一管理及配置。同时需要构建智能终端与传感网络现场通信技术。考虑现有微功率无线传感网、蜂窝物联网（NB-IoT、eMTC、LoRa、Sigfox 等）通信应用技术，保证不同场景下的多模多制式下通信网络适配，从而实现异常事件高精度定位、复杂环境下的适应性。同时应研究降低通信网络时延，保证电力人—机—物协同与交互，并将电力运维经验认知纳入系统开发，使终端高效智能化。

2.2　智能监测与预警

2.2.1　智能监测技术

1. 智能监测技术定义

智能监测技术就是使用计算机图像视觉分析技术，通过将场景中背景和目标分离进而分析并追踪在摄像机场景内的目标。用户可以根据分析模块，通过在不同摄像机的场景中预设不同的非法规则，一旦目标在场景中出现了违反预定义规则的行为，系统会自动发出告警信息，监控指挥平台会自动弹出报警信息并发出警示音，并触发联动相关的设备，用户可以通过点击报警信息，实现报警的场景重组并采取相关预警措施。在线监测预警系统如图 2-3 所示。

2. 电气设备在线监测技术的原理

电气设备在线监测技术的投入生产使用是顺应计算机信息技术发展而产生的，其原理就是通过对电网运行状态下的电气设备信号进行采集、整理和传输，达到对电气设备带电且运行的状态下在线监测的目的❶。简而言之就是通过传感

---

❶ 王明新. 变电设备在线监测技术应用研究 [J]. 低碳世界，2018（04）：30-31.

系统对设备的各种信号进行接收和整合，然后将这些信号变成数据信息传送到信息处理中心，这些信息通过数据分析体系的整理之后再输出并呈现给需要该信息的人员，从而使得电气设备的运行状态更直观，使用起来更便捷。

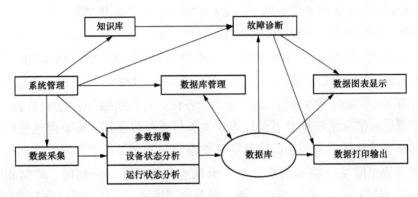

图 2-3　在线监测预警系统

3. 电气设备在线监测技术的优点

在线监测技术的全程监控让检修人员能够从设备所处的状态出发，有的放矢地选用有效的检修方案，这样一来检修工作就更加高效，能最大限度地避免无效维修或者过度维修的情况。电网设备的维修工作到位，确保电器设备的运行状态处于优良的状况，有利于设备被发挥和利用到极限。

随着我国社会主义市场经济的不断发展，人们对电力的需求也越来越高，这在一定程度上给电力企业带来了新的挑战。将监测技术运用在电力系统的内部，可以实现对电力系统运行过程的实时监控，一旦出现任何问题，都可以及时、有效地解决，从而提高电力系统的工作效率。从当前电力系统自动化中智能监控技术的应用现状来看，它主要有以下几个方面的优点：

（1）在电力系统运行的过程中，智能监控系统呈现出图形化的用户界面结构，将电力系统具体的位图动画、运动趋势、表盘数据等都使用图形直观地表现出来，让相关工作人员可以实时了解电力系统运行的整体状态，为电力系统的安全、稳定运行提供有力保障。

（2）从当前我国智能监控系统的运用现状来看，智能监控系统不仅可以实现对电力系统运行全过程的实时监控，还具有置数、遥控闭锁、遥控图形界面和实时报警等多种功能。

（3）随着现代科学技术的不断发展，智能监控技术也在不断地更新和升级，尤其是在具体的监控过程中，可以将电力系统运行的实际情况作为基本依据，重新建构电力系统的结构，以满足电力系统的监控需求。例如，在对低压进线、高压进线、回路和电源切换等部分进行监控时，智能监控技术可以采用分层分布式的结构对系统内部结构进行优化，从而达到优化电力系统监控的目的。

（4）在电力系统运行的过程中，智能监控系统不仅可以对变压器、主控层和控制层等多个方面的温度变化进行全面监测，还可以对各种各样的信号进行监测，比如非电量信号、开关量、报警信号等。总之，将智能监控系统运用在电力系统中，不仅可以有效提高电力生产的安全性和可靠性，在一定程度上还能提高电力系统内部的管理效率。

2.2.2　智能监测技术在电力系统中的应用

随着超、特高压输电工程的建设和发展，互联电网的覆盖区域逐步扩大，输变电设备运行安全对电网安全可靠运行的影响更为突出。对输变电设备进行状态监测、故障诊断及全寿命周期管理，对于提高输变电设备的运行可靠性与利用率，实现设备的优化管理具有重要意义与应用价值。

在设备状态监测方面，电力物联网建设对输变电设备运维与管控提出了新要求，以状态可视化、管控虚拟化、平台集约化、信息互动化为目标，实现设备运行状态可观测、生产全过程可监控、风险可预警的智能化信息系统。功能需求包括如下方面：电网系统级的全景实时状态监测、电网设备全寿命周期状态检修、基于态势的最优化灵活运行方式、及时可靠的运行预警、实时在线仿真与辅助决策支持、电网装备持续改进等。

输电线路状态在线监测是物联网重要的应用之一，利用物联网技术可以提高对输电线路运行状况的感知能力，可监测的内容主要包括：气象条件、覆冰、导地线微风振动、导线温度与弧垂、输电线路风偏、铁塔倾斜、污秽度等。设备监测不仅包含电网装备的状态信息，如设备健康状态、设备运行曲线等，还包含电网运行的实时信息，如机组工况、电网工况等。在试验区内500kV，220kV高压输电路上部署导线舞动、微气象、微风振动、覆冰、风偏、导线温度、视频等感知设备，实现输电线路的实时在线监控及动态增容，并解决传感器网络带状网络部署、远距离传输、系统长寿命等关键问题。

在变电设备巡检方面，主要指借助电力设备、杆塔上安装的射频识别标签，记录该设备的数据信息，包括编号、建成日期、日常维护、修理过程及次数，此外还可记录杆塔相关地理位置和经纬度坐标，以便构建基于地理信息系统的电力网分布图。在电力巡检管理方面，通过射频识别、全球定位系统、地理信息系统及无线通信网，监控设备运行环境，掌握运行状态信息，通过识别标签辅助设备定位，实现人员的到位监督，指导巡检人员按照标准化与规范化的工作流程，进行辅助状态检修与标准化作业等。

配网设备量大面广、设备种类多且分散、造价低、可靠性差，同时配网运维力量薄弱，导致配网设备故障率高。用户感受到的停电事件中有96％是由配网引起的，同时配网作为电力系统的最后一公里，与用户联系紧密，供电质量、用电服务同样也是配网的日常工作，因此配网物联网建设的工作重心是以优质的供电服务工作来提高用户体验。由于配电业务多且杂，其感知数据涉及运行环境、配电设备、配网运行状态、计量数据和用户数据，并且城市配电网和山区配电网的运行环境和要求也不尽相同，因此配电物联网接入数据种类、网络复杂度和应用多样性都比输变电设备要复杂。

根据我国配网的建设情况，将馈线终端设备（FTU）、配变终端设备（TTU）、配电终端设备（DTU）和智能运维监测终端（MTU）作为配网的边缘计算设备。FTU主要汇集附近故障录波指示器、断路器状态监测和环境数据，通信方式可以是4G/5G、LoRa等；TTU主要汇集变压器负荷、变压器状态、低压用户用电、低压配电房运行状态、低压用户电能质量等信息，通信方式可以是485总线、以太网、电力载波、微功率无线、LoRa等；DTU主要汇集直流屏、保护测控装置、变压器等设备的自动化参量，并实现各电气回路开关设备的遥控分、合控制；MTU主要汇集中压配电站房内的环境、设备状态、安防等信息，同时实现与辅控设备联动，通信方式可以是485总线、以太网、LoRa等。边缘计算设备与电力设备云后台的通信方式可根据配电设备的实际情况选择，在城区，可优先光纤、无线专网、5G公网等通信方式，在山区可选择电力专业NB-IoT或无线公网实现。

配电物联网的高级应用可大致分为故障预警、故障处理和用户服务三类。故障预警主要为故障缺陷预警、主辅设备联动等，主要表现为：

（1）根据配电变压器、断路器、开关柜、站房、环网柜、电缆等设备的状态监测信息，结合设备运行环境和运行工况对设备故障进行预警；同时还可根据配网设备故障跳闸前间歇性出现的早期故障电弧信号，对异常设备进行定位和故障预警。

（2）配电站房内根据设备运行温度、湿度、水位等信息联动辅控系统自动启停，进一步根据历史运行情况对不同站房的排水能力、高温高负荷工况下的降温能力、潮湿天气下的除湿能力进行评估，根据配网运行工况和天气对其可能出现的异常情况进行预警，及时处理，避免停电事故的发生。

在故障处理方面，根据中压配电网和低压配电网的差异，采用不同的故障处理模式，主要表现为：FTU根据不同的接地方式，配合站内保护和选线装置对故障区间进行快速隔离，辅以故障指示器数据对故障区间进行相对精确定位。对低压配电网利用TTU与用户电表之间电力载波通信信号特征对台区拓扑进行识别，进一步根据TTU和用电采集信息对停电台区进行自动辨识。

在用户服务方面的高级应用主要表现为提升供电质量，如利用广域同步量测装置结合TTU、采集数据对中低压配网线损精益化管理，同时根据不同时段线损的变化识别出窃电、漏电等异常工况，并及时处理；同时根据采集电压、电力波形对用户电能质量进行监测和预警，定位谐波源，同时联动谐波治理装置采取对应措施。其他还有用户用电行为分析、光伏、充电站管理等。

2.2.3　电力物联网下状态监测技术应用

电力物联网是未来电网研究和发展的主要方向，在线监测技术是发展电力物联网必不可少的基础。对电力系统"发、输、变、配、用"各环节设备进行状态监测，是确保设备安全可靠运行的关键所在。设备状态监测系统需制定统一的接口标准，与信息采集设备互联，获取在线监测数据，通过行波定位法、双端定位法、支持向量机分类识别、红外图像识别等算法，能够实现通过多维度数据监测信息的综合诊断功能，有效管理电网设备的状态监测和停电检修。

基于大数据的智能状态监测技术，可以有效将各个设备通过互联网进行数据共享，进而进行专业化数据分析和诊断，便于实时监测电网设备，实现电网和电力设备无缝对接。尤其是对存在安全隐患的设备，可以进行预测并进行预防控制，建立故障诊断数据库，有效避免传感器故障引起的保护误动作，从而有效避免因设备故障导致的重大事故，最大限度确保配电网设备的安全运行，提升供电质量的同时，最大限度降低电力企业的设备维护成本。

自电力物联网技术提出以来，国内外主要设备生产厂商、各大研究院所和各高校均对如何发展电力物联网技术做了大量而又深入地研究。在这些研究中，高压设备的在线监测和诊断技术是未来智能电网发展的基石。在线监测和诊断技术能实现对设备的可视化和自动化，为电力物联网建设提供最基础的功能支撑。

2.3　大数据分析挖掘

2.3.1　电力大数据

电力大数据主要来源于电力生产和电能使用的发、输、配、用、变和调度各个环节，以及面向新兴服务的多业务数据。包括电网运行和设备监测或检测数据、电力企业营销数据（如交易电价、售电量、用电客户等方面数据）、电力企业管理数据❶。电力大数据的应用，一方面是与宏观经济、人民生活、社会保障、道路交通等信息融合，促进经济社会发展；另一方面，是电力行业或企业内部，跨专业、跨单位、跨部门的数据融合，提升行业、企业管理水平和经济效益。

电力大数据的特点如下：

（1）数据体量大：随着智能电网建设的深入推进，设备传感器、智能电表等终端数据收集设备得到密集部署，采集的数据规模将呈指数级激增，达到 TB 甚至 PB 量级。

（2）数据类型多：除传统的结构化数据外，生产管理、营销等系统产生了大量的音视频资料等半结构化、非结构化数据。数据类型的多样性要求存储与处理技术的多样性。

（3）处理速度快：电力大数据的采集与处理均具有极快的速度。终端数量的激增要求存储系统满足每秒数十万次的高通量数据存取需求。

（4）数据价值高：通过监测电力系统正常运营获得的这些数据，综合了电力生产、电力传输、电力消耗的各个部分。通过对这些数据的深度挖掘，提取出对电力企业优化运营有价值的信息，带动了电力企业的健康迅速发展❷。

此外电力大数据还具有一些独有的特征。根据"中国电力大数据发展白皮书（2013 年）"，电力大数据还具有 3E 的特点：

（1）数据即能量（Energy）：电力大数据中蕴含着用户的用电规律、最佳输电调度策略等极为重要的信息。这些信息在合理安排生产、降低能耗损失等方面发挥着独特而巨大的作用，促进了电网降低能耗与可持续发展，从而体现了数据即能量的特征。

（2）数据即交互（Exchange）：电力大数据通过与其他行业大数据的交互聚合，并进行深入挖掘分析，其蕴含的信息对国家的高层决策、经济态势判断具有极为重要的参考价值。

（3）数据即共情（Empathy）：电力大数据为国网公司及时准确地发现并满

---

❶ 刘玉芳，高骞，徐超，杨俊义，陈泰铭. 电力大数据价值与应用需求分析［J］. 中国管理信息化，2018，21（20）：52-54.

❷ 吴凯峰，刘万涛，李彦虎，苏伊鹏，肖政，裴旭斌，虎嵩林. 基于云计算的电力大数据分析技术与应用［J］. 中国电力，2015，48（02）：111-116，127.

足用户需求提供了一条全新途径。共情即感同身受。生产与营销均借助于电力大数据，向广大电力用户提供更加优质、安全、可靠的电力服务，达到共同发展的目标。

电力大数据和互联网大数据的区别主要有以下三点：

（1）在互联网场景下，典型的大数据应用需要顺序扫描整个数据集，因此分布式并行大数据分析系统 Hive 或 Impala 等均未对索引提供良好支持；而在电力大数据分析中，多维区域查询极为常见，由于没有索引，将导致访问大量不需要的数据，并显著降低查询的执行性能。需要针对多维区域查询的特征，设计合适的索引结构以及相应的数据检索机制。

（2）互联网大数据的典型特征是"一次写多次读"。面向这种数据特征，分布式文件系统（HDFS）及 Hive 均未提供数据改写（更新或删除）机制，只能通过全部覆盖现有数据的方式间接达到改写数据的目的。而在电力大数据业务场景中，存在大量数据改写语句，以覆盖现有数据的方式执行这些查询将会导致执行效率低下的问题，因此迫切需要在现有系统中提供数据改写机制。

（3）互联网公司根据自身的业务需求而设计的大数据查询语言，如 HQL 只是 SQL 的一个子集，而电力数据分析系统大多使用标准 SQL 语言编写，需要耗费大量的人力与时间才能将现有的数以万计的 SQL 语句翻译为等价的 HQL 语句。因此，需要设计一种工具，实现自动将 SQL 语言翻译为 HQL 语言，从而提升遗留应用的迁移速度，实现电力数据分析业务的无缝平滑迁移。

随着智能电网和信息化建设，电力行业已积累了海量数据，在数据量、多样性、速度和价值方面具有大数据的特征。电力行业已进入大数据时代。电力大数据是通过传感器、智能设备、视频监控设备、音频通信设备、移动终端等各种数据采集渠道收集到的海量结构化、半结构化、非结构化的业务数据集合。

电力大数据是电力公司的新型资产，将为电力行业带来显著的价值和电力公司的核心竞争力；促进业务管理向着更精细、更高效的方向发展。大数据技术将推动电力公司信息技术平台的升级与改造，包括提升数据存储和及时处理的能力；补充在非结构化数据分析与利用的能力；增强对海量数据资源的价值挖掘能力。

2.3.2 基于云计算的电力大数据分析技术

电网具有规模大、模型复杂、多级、多层次等显著特点。特别是随着太阳能、风能、水能等可再生能源逐渐接入电网以及分布式能源技术的不断发展，电网的规模将更大，复杂性将更高，分布将更广。云计算是分布式计算、并行计算和网格计算的发展，是虚拟化、效用计算、面向服务的体系结构（SOA）等概念混合演进的计算方法，主要用于智能电网异构资源的集成与管理、海量电网数据的分布式存储与管理、快速的电力系统并行计算与分析等。

云计算（Cloud Computing）是一种新兴的计算模型，用户可以利用该模型在任何地方通过连接的设备访问应用程序，应用程序位于可大规模伸缩的数据中心，计算资源可在其中动态部署并进行共享。云计算的基本原理是：计算分布在大量的分布式计算机上，而非本地的计算机或远程服务器中，企业数据中心的运行将与互联网更加相似，这使得企业能够将资源切换到需要的应用上，根据需求访问计算机和存储系统❶。

云计算聚合了大量分布、异构的资源，向用户提供强大的海量数据存储与计算能力。云计算通过虚拟化、动态资源调配等技术向用户提供按需服务，避免资源浪费与竞争，提高资源利用率及应用性能。云计算提供了横向伸缩与动态负载均衡能力，即云计算支持运行时向数据中心增加新的节点，系统会自动将部分负载迁移至新增节点，并保持节点间负载的平衡，从而增强整个系统的业务承载能力。

云计算发展极为迅速，目前已经走出实验室，出现了一系列成熟的产品与技术，除互联网公司外，已经在诸多传统行业，如电信、零售、金融等领域得到广泛应用❷。基于云计算的大数据分析技术已有较完整的参考架构与软件实现，并在一些行业中得到应用。

在云计算中，电力大数据的分析过程是一个有效的排列，这种系统形式下在分布与并行过程上是有必然联系的，是通过有效的计算框架基础上建设发展起来的，通过采用相关电力系统中有效的数据分析软件，在利用云计算采集到的数据，进行软件升级与结合，进而通过电力数据源开发出更好的适合于电力行业发展的技术软件等。通过这些可操作的程序，不断全面地进行电力系统的整体控制，通过这些方式积极地运用与发展，使得电力系统智能化发展进入一个新的阶段。

在大数据时代，云计算的引用也节省了电力系统发展过程的人力与物力投入，对于成本管控过程是非常有成效的❸。通过大数据电力数据统计，明确地采

---

❶ 江代有. 云计算技术综述［J］. 计算机与现代化，2012（05）：71-73.

❷ 吴凯峰，刘万涛，李彦虎，苏伊鹏，肖政，裴旭斌，虎嵩林. 基于云计算的电力大数据分析技术与应用［J］. 中国电力，2015，48（02）：111-116，127.

❸ 马强，田大伟，徐征，耿玉杰. 云计算在电力系统大数据中的应用与研究［J］. 自动化技术与应用，2018，37（03）：46-49.

集分析计算等工作的重点，简化了工作流程。另外，系统的传感器装置、具有智能性能的电表等基础设备都在利用固有的频率对数据实行周期性的采集、处理，最终送达数据中心。数据在整个采集的过程中，很难避免错误的采集和处理工作行为的出现，从而对电网的用电信息采取无周期性的采集进行补偿。为了有效解决云计算的存储系统在访问数据方面的问题，将以采集的数据信息通过缓冲装置对数据进行一系列的预处理行为。工作人员利用系统对具有静态性质的数据信息构建成具有档案性质的数据库，再通过一定的方法将其数据复制至云计算的存储系统内，有效的缓冲访问数据的相关性问题。

在电力大数据分析中引入云计算技术，一方面以计算机内部数据处理系统为主，辅助虚拟数据挖掘技术，促进计算系统的完善和优化，提高虚拟空间的利用效率，形成以云计算为基础的电力大数据分析处理平台，提高电力大数据处理速率，将整体数据划分成各个层次的数据，同步处理，解决由于数据庞大而造成的分析处理效率低的问题，进而提高电力大数据分析处理的综合速率。一方面在应用基于云计算的电力大数据分析技术后，有效提高电力大数据分析系统的兼容性，利用分布式处理系统，实现各类电力大数据信息的控制，多种电力大数据分析系统协同处理，对信息管理资源进行综合探索，应用效益较为明显。另一方面电力资源是社会发展的动力，而大容量电力资源提高了电力系统的建设难度。在应用基于云计算的电力大数据分析技术后，通过多维索引技术、翻译技术、混合存储技术、分层次处理技术，增加了虚拟空间的利用率，并在云计算技术的支持下，实现虚拟空间的进一步扩展，提高电力大数据分析处理的高效性和完整性，达到最佳应用效益。

2.3.3 基于边缘计算的大数据分析技术

1. 边缘计算的形成与定义

随着海量数据在数据中心内的高速汇集，传统上以数据中心为核心的 IT 总体架构遇到了空前的挑战。各类终端和传感器必须通过网络将数据汇集到数据中心里，再通过网络将经过处理的数据反馈给终端，从而形成完整的感知和控制回路。巨大的数据量让整个数据中心的南北向网络面临沉重的负担。在以带宽计费的网络世界中，带宽太小就无法满足工业对实时感知的现实需求，而足量的带宽却又意味着及其高昂的成本和种种网络技术的限制。显然，这种以数据中心为核心的传统 IT 架构思路已经不能支撑物联网的深度发展。于是边缘计算应运而生。

边缘计算是指在靠近智能设备或数据源头的一端，提供网络、存储、计算、应用等能力，达到更快的网络服务响应，更安全的本地数据传输。边缘计算可以满足系统在实时业务、智能应用、安全隐私保护等方面的要求，为用户提供本地的智能服务❶。边缘计算一般由云端管理系统、本地核心节点和普通设备组成，云端系统负责设备管理、配置设备驱动函数和联动函数、设置消息路由等功能，本地核心节点一般是计算能力较强的设备，如路由器和网关，提供本地计算、消息转发、设备管理的能力。一般如灯、开关等轻量级设备，可以接收网关下发的指令，和上报数据给网关。边缘计算参考架构如图 2-4 所示。

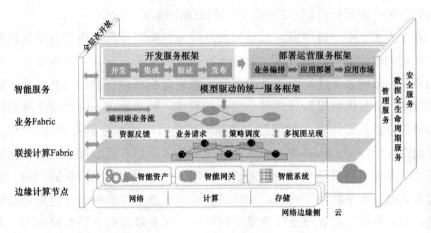

图 2-4　边缘计算参考架构

2. 边缘计算的特征

边缘计算具有联接性、数据第一入口、约束性、分布性 4 个基本特征。

（1）联接性。联接性是边缘计算的基础。由于所联接物理对象的多样性及应用场景的多样性，边缘计算应具备丰富的联接功能，如各种网络接口、网络协议、网络拓扑、网络部署与配置、网络管理与维护等。联接性宜充分借鉴吸收网络领域先进的研究成果，同时还应考虑与现有各种工业总线的互联互通。

（2）数据第一入口。边缘计算是数据的第一入口，拥有大量、实时、完整的数据。它应基于数据全生命周期进行管理与价值创造，可支撑预测性维护、资产效率与管理等应用。边缘计算作为数据的第一入口，还应确保数据的实时性、确定性、多样性。

（3）约束性。边缘计算产品应适配工业现场相对恶劣的工作条件与运行环

---

❶ 丁春涛，曹建农，杨磊，王尚广. 边缘计算综述：应用、现状及挑战 [J/OL]. 中兴通讯技术：1-8 ［2019-07-25］. http://kns.cnki.net/kcms/detail/34.1228.TN.20190605.1023.002.html.

境，如防电磁、防尘、防爆、抗振动、抗电流/电压波动等。在工业互联场景下，边缘计算设备应考虑功耗、成本、空间等问题。边缘计算产品还应考虑通过软硬件集成与优化，以适配各种条件约束，支撑行业数字化多样性场景。

（4）分布性。边缘计算实际部署具备分布式特征。这要求边缘计算应支持分布式计算与存储、实现分布式资源的动态调度与统一管理、支撑分布式智能、具备分布式安全等能力。

3. 边缘计算的应用

对于制造业、医疗、公用事业和市政等领域，物联网未来几年可能会得到快速发展，无论是设备的数量还是数据量都会呈几何式增长。物联网设备产生的大量数据可能会导致延迟现象，而边缘计算解决方案可以帮助增强数据分析与挖掘能力，缩短数据的传输距离，从而消除带宽和延迟问题，最终提升应用和服务的性能和可靠性，并降低运行成本，从而进一步帮助避免延迟。数据处理发生在距离数据来源最近的地方，这使得用户更容易实时监测洞察到物联网设备的运行情况。边缘计算应用场景见表2-1。

表2-1　　　　　　　　　　边缘计算应用场景

业务类型	应用场景描述	关键需求
本地分流	博物馆、展馆 AR 直播；赛事 VR 视频直播	数据本地卸载及转发、离线计费
本地缓存/计算	大视频、流量密集场景的视频监控、远程医疗	业务识别、融合 CDN/缓存、视频优化、计算卸载
物联网网关	智慧城市/农业、环境监测、智能物流	信息分析、协议转换、聚合/分类、位置服务
室内定位	GPS 覆盖不完善的商业场馆、城市地下综合体	室内精准定位
车联网	路边单元、V2X 通信；智能交通	V2X 信息收集、eMBMS 业务下沉
能力开放	第三方 App 集成、底层网络能力/业务能力开放	RESTful 等标准接口、服务编排、管理
企业/园区应用	为企业/园区不同场景提供差异化服务	网络切片、移动性管理
工业互联网	工业控制、安全可靠的数据分析	网络切片、新型空口及网络、计算卸载

面向物联网的边缘计算应用率先在工业领域落地。一方面，边缘计算在工厂内部发挥重要作用。可应用在生产线级的控制器和网关上，形成边缘控制器和边缘网关，能够实现生产现场的控制反馈；也可应用在工厂级数据平台上，形成边缘云，利用数据分析能力形成实时决策反馈。另一方面，边缘设备将与

工厂外的云平台协同联动。边缘侧聚焦于实时、小数据的数据处理，而云平台侧聚焦在长周期、大数据的处理，满足大数据量、高计算需求等场景需求。边缘计算将成为实现生产过程优化、敏捷柔性生产、产品全生命周期优化等应用重要的手段。

（1）生产过程优化类应用。基于边缘计算可实现企业内各层级数据的纵向集成，借助高级数据分析与智能化控制管理设备，形成透明、精确的生产过程优化应用模式，为工艺优化、生产管理优化、质量管理优化提供重要手段。

（2）敏捷柔性生产类应用。依托具备管理壳的智能化装备模块，可利用边缘计算设备，提升设备编排的灵活性，实现订单到加工全流程产品与设备数据的端到端集成，实现混线生产、产线重构等敏捷柔性生产。

（3）产品全生命周期优化类应用。在产品进行实际制造之前，可通过边缘计算提供的能力和算法模型，可以优化制造工艺、降低成本、提升效率。

4. 边缘计算典型应用实例

（1）智能家居。家居生活随着万物互联应用的普及变得越来越智能和便利，如智能照明控制系统、智能电视、智能机器人等。然而，在智能设备中，仅通过一种 WIFI 模块连接到云计算中心的做法，远远不能满足智能家居的需求。智能家居环境中，除了联网设备外，廉价的无线传感器和控制器应部署到房间、管道、地板和墙壁等，出于数据传输负载和数据隐私的考虑，这些敏感数据的处理应在家庭范围内完成。传统的云计算模型已不能完全适用于智能家居类应用，而边缘计算模型是组建智能家居系统的最优平台。在家庭内部的边缘网关上运行边缘操作系统，利用该操作系统，在家庭内部较易连接和管理智能家居设备，并在本地处理这些设备所产生的数据，降低数据传输带宽的负载，向用户提供更好的资源管理和分配。

（2）智慧城市。边缘计算模型可从智能家居灵活地扩展到社区甚至城市。根据边缘计算模型中将计算最大程度迁移到数据源附近的原则，用户需求在计算模型上层产生并且在边缘处理。边缘计算可作为智慧城市中一种较理想的平台，主要取决于以下三方面：

1）大数据量。其主要来自公共安全、健康数据、公共设施及交通运输等领域。用云计算模型处理这些海量数据是不现实的，因为云计算模型会引起较重传输带宽负载和较长传输延时。在网络边缘设备进行数据处理的边缘计算模型将是一种高效的解决方案。

2）低延时。万物互联环境下，大多数应用具有低延时的需求（比如健康急救和公共安全），边缘计算模型可以降低数据传输时间，简化网络结构。此外，与云计算模型相比，边缘网络对决策和诊断信息的收集将更加高效。

3）位置识别。如运输和设施管理等基于地理位置的应用，对于位置识别技术，边缘计算模型优于云计算模型。在边缘计算模型中，基于地理位置的数据可进行实时处理和收集，而不必传送到云计算中心。

（3）智能交通。智能交通是解决城市居民面临的出行问题，如恶劣的交通现状、拥堵的路面条件、贫乏的停车场地、窘迫的公共交通能力等。智能交通控制系统实时分析由监控摄像头和传感器收集的数据，并自动做出决策，这些传感器模块用于判断目标物体的距离和速度等。随着交通数据量的增加，用户对交通信息的实时性需求也在提高，若传输这些数据到云计算中心，将造成带宽浪费和延时等待，也不能优化基于位置识别的服务。在边缘服务器上运行智能交通控制系统来实时分析数据，根据路面的实况，利用智能交通信号灯减轻路面车辆拥堵状况或改变行车路线。同样，智能停车系统可收集用户周围环境的信息，在网络边缘分析用户附近的可用资源，并给出指示❶。

2.3.4 电力物联网下的大数据分析

电力物联网中的数据源覆盖能源生产、传输、交易、消费各个环节，涉及数以亿计的设备和系统，这些设备和系统的规划与运行过程产生了大量的数据；同时，电力物联网具有互联网"开放、参与、交互"等特性，因此也受到了更多外部数据的影响，如天气、政策机制和电价、用户心理等。

电力物联网的数据可分为以下五类：

（1）反映能源生产的数据。

（2）反映能源配送、转换的数据。

（3）反映能源消费、交易和调控的数据。

（4）对能源互联网有影响的社会经济环境数据。

（5）表征能源互联网的参与者——人的特征的数据。

这些数据共同构成了电力物联网中的大数据。大数据技术在电力物联网构建及运行过程中扮演海量数据管理与分析的角色，是保障能源互联网经济运行的关键因素之一。

1. 提升综合能源规划能力

通过对大数据分析，利用数据挖掘技术，更准确地分析和掌握煤电、燃气

---

❶ 丁春涛，曹建农，杨磊，王尚广．边缘计算综述：应用、现状及挑战［J/OL］．中兴通讯技术：1-8［2019-07-25］．http：//kns．cnki．net/kcms/detail/34．1228．TN．20190605．1023．002．html．

发电、风电、光伏、储能等各类能源资源地时空互补配置能力。

2. 提升新能源调度能力

利用机器学习、人工智能等多维分析预测技术和控制技术，分析新能源与其他各类电源及电网状态匹配关联，更有效地对新能源发电能力进行调度管理。

3. 提升用电行为分析能力

扩展用电采集范围和频率，利用聚类模型等挖掘手段，开展用电行为特征深入分析，并实施区别化的用户管理策略，实施精准营销，为用户提供更便捷、智能的综合营销服务。

4. 凸显商业价值和社会价值

通过对用户用电数据的搜集、管理、分析和共享，为用户提供用电效能分析及建议、个性化电价、节能方案，甚至可以协助政府相关部门优化交通管理和公共设施使用效率。

2.4 数据交换与共享

2.4.1 数据通信技术

数据通信是通信技术和计算机技术相结合而产生的一种新的通信方式。要在两地间传输信息必须有传输信道，根据传输媒体的不同，有有线数据通信与无线数据通信之分。但它们都是通过传输信道将数据终端与计算机连接起来，而使不同地点的数据终端实现软、硬件和信息资源的交换与共享。

利用数据通信技术实现数据的交换与共享，有多种通信传输手段，例如电缆通信、微波通信、光纤通信、卫星通信、移动通信等。

（1）通信电缆是传输电话、电报、传真文件、电视和广播节目、数据和其他电信号的电缆。由一对以上相互绝缘的导线绞合而成。通信电缆与架空明线相比，具有通信容量大、传输稳定性高、保密性好、少受自然条件和外部干扰影响等优点。

（2）微波通信（Microwave Communication），是使用波长在 1mm～1m 之间的电磁波进行的通信。该波长段电磁波所对应的频率范围是 300MHz～300GHz，微波通信是直接使用微波作为介质进行的通信，不需要固体介质，当两点间直线距离内无障碍时就可以使用微波传送。利用微波进行通信具有容量大、质量好并可传至很远的距离，因此是国家通信网的一种重要通信手段，也普遍适用于各种专用通信网。

（3）光纤通信是利用激光在光纤中长距离传输的特性进行的，具有通信容量大、通信距离长及抗干扰性强的特点。目前用于本地、长途、干线传输，并逐渐发展用户光纤通信网。目前基于长波激光器和单模光纤，每路光纤通话路数超过万门，光纤本身的通信潜力非常巨大。几十年来，光纤通信技术发展迅速，并有各种设备应用，接入设备、光电转换设备、传输设备、交换设备、网络设备等。光纤通信设备由光电转换单元和数字信号处理单元两部分组成。

（4）卫星通信简单地说就是地球上（包括地面和低层大气中）的无线电通信站间利用卫星作为中继而进行的通信。卫星通信系统由卫星和地球站两部分组成。卫星通信的特点是：通信范围大；只要在卫星发射的电波所覆盖的范围内，从任何两点之间都可进行通信；不易受陆地灾害的影响（可靠性高）；只要设置地球站电路即可开通（开通电路迅速）；同时可在多处接收，能经济地实现广播、多址通信（多址特点）；电路设置非常灵活，可随时分散过于集中的话务量；同一信道可用于不同方向或不同区间（多址联接）。

（5）移动通信（Mobile Communication）是移动体之间的通信，或移动体与固定体之间的通信。移动体可以是人，也可以是汽车、火车、轮船、收音机等在移动状态中的物体。随着移动通信系统带宽和能力的增加，移动网络的速率也飞速提升，从 2G 时代的 10kbit/s，发展到 4G 时代的 1Gbit/s，足足增长了10 万倍。历代移动通信的发展，都以典型的技术特征为代表，同时诞生出新的业务和应用场景。而 5G 将不同于传统的几代移动通信，5G 不再由某项业务能力或者某个典型技术特征所定义，它不仅是更高速率、更大带宽、更强能力的技术，而且是一个多业务多技术融合的网络，更是面向业务应用和用户体验的智能网络，最终打造以用户为中心的信息生态系统。

在电力物联网体系构建中，充分应用各通信技术，广泛布置各智能终端，可搭建空天地一体化通信网络，其结构如图 2-5 所示。

其中涵盖的关键技术有：

◆ 大容量骨干光传输网技术。
◆ 支撑电力物联网的高可靠 IPV6 网络技术。
◆ 广覆盖、大连接通信接入技术。
◆ 网络资源动态调配技术。
◆ 面向电力物联网的集成通信协议。
◆ 电力应急通信技术。
◆ 北斗系统的电力物联网应用。

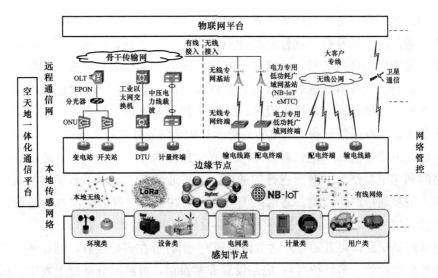

图 2-5　空天地一体化通信网络结构

2.4.2　5G 技术在电力物联网中的应用

数据交换与共享是电力物联网体系架构的基础，其中通信网络贯穿整个电力物联网的体系架构。通信技术是电力物联网的核心技术之一，是实现万物互联的基本组成部分。电力物联网可以通过不同类型的通信网络进行互联，而最新发展的 5G 通信又具有独特的优势。

1. 5G 通信的特征

5G 被视为物联网发展的基础。基于不同场景的 5G 切片网络通信技术被认为是解决电力系统全息感知、泛在连接的关键所在。未来 5G 通信应该至少包含以下 5 个方面的基本特征，即高速率、高容量、高可靠性、低时延与低能耗[1]。

（1）高速率。5G 通信速率包含峰值速率、区域速率和边缘速率三方面指标，峰值速率是指最好条件下的最大速率，要求不低于 20Gbps；区域速率是指通信系统同时支持的总速率，一般用单位面积速率描述，较 4G 通信将提升 1000倍以上；边缘速率（5%速率）是指最差的 5%分位数用户获取的通信速率，一般要求在 100Mbps 和 1Gbps 之间。电力服务面广，需要采集包括系统实时量测数据、视频监控数据等在内的海量数据，高速率为海量数据传输提供强有力的支撑。

（2）高容量。传统 4G 通信所连的终端数量有限，一般以手机为主，而 5G

❶ 王毅，陈启鑫，张宁，冯成，滕飞，孙铭阳，康重庆. 5G 通信与泛在电力物联网的融合：应用分析与研究展望［J］. 电网技术，2019，43（05）：1575-1585.

通信能够连接海量设备，每平方公里可以支撑 100 万个移动终端，包括家用电器、各种穿戴设备等，为真正实现电力系统中的万物信息互联提供了巨大的想象空间。

（3）高可靠性。5G 发送一个 32 字节的第 2 层协议数据单元的成功概率需要高达 99.999％，电力通信可靠性也将有效提升电力系统本身的可靠性。

（4）低时延。通信时延是指信息从一端传输到另一端需要的时间，传统 4G 通信的时延在 50ms 左右，对于人与人之间的通话影响不大，而对于某些工业应用场景并不适用。电力系统存在许多协同控制的场景，电力以光速传播，5G 通信空口时延达到 1ms，端到端时延小于 10ms，为电力系统及时灵活响应各种变化提供支撑。

（5）低能耗。如果传感器与通信设备需要经常更换电池或者充电，则会给万物互联的物联网带来极大阻碍。5G 通信通过优化通信硬件协议等而具备的低能耗特点将有效解决该问题。

5G 将渗透到未来社会的各个领域。5G 将使信息突破时空限制，提供极佳的交互体验，为用户带来身临其境的信息盛宴，如虚拟现实；5G 将拉近万物的距离，通过无缝融合的方式，便捷地实现人与万物的智能互联。5G 将为用户提供光纤般的接入速率，"零"时延的使用体验，千亿设备的连接能力，超高流量密度、超高连接数密度和超高移动性等多场景的一致服务，业务及用户感知的智能优化，同时将为网络带来超百倍的能效提升和超百倍的比特成本降低，最终实现"信息随心至，万物触手及"。5G 典型业务如图 2-6 所示。

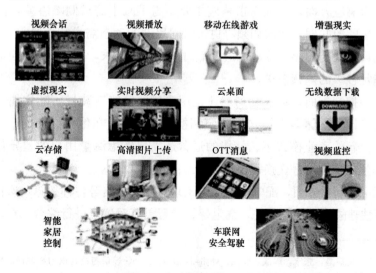

图 2-6　5G 典型业务应用

2. 5G 通信的应用

对于电力物联网，5G 通信将在万物互联、精准控制、海量量测、宽带通信、高效计算五个方面将具有广泛的应用❶。

（1）万物互联。我国几乎实现了电力网络的全覆盖，电力网络末端连接成千上万个用电设备，让所有或者绝大多数电力相关实物实现信息互联将给电力系统带来无限想象空间。

将所有的家用电器互联，不仅能实现每个家庭的智能家居，还能够协调不同的家庭，实现楼宇、小区甚至某个区域的集群智能用电；所有的电动汽车互联能够随时不仅为未来的充电桩的运营提供支撑，还能够打造智慧城市和智能交通；所有配变电装置互联能够实时监测、评估甚至预测电力系统未来的运行健康状态，保障整个配电系统的安全可靠运行。

输电网层面主要由输变电设备构成，并且已经通过同步光纤实现了信息互联；但是配电网层面，在没有 5G 通信的时代，这最后一公里的信息互联互通走得尤其艰难，目前仅仅是电气物理接连，没有信息互联远远不够，而 5G 通信能够真正经济而高效地实现万物互联。

（2）精准控制。5G 通信在未来一个重要的应用领域就是无人汽车：一方面通信速率高，为智能车载系统提供稳定可靠的数据支撑；另一方面通信时延低，对于高速行驶的汽车，做出及时地刹车、转弯等决策关乎人身安全。与高速行驶的无人汽车相比，电力系统中的电力以光速传播，需要及时响应电力系统中的各种变化，实现精准控制。

在需求响应方面，传统需求响应主要是为了减小需求侧峰谷差，但随着高比例可再生能源并网，面向调频等更短时间尺度的动态需求响应显得尤为重要。海量用电设备之间的协调控制对通信低时延提出了要求，而 10ms 的通信时延能够很好满足秒级的调频需求。

在储能控制方面，不管在网端还是用户侧的储能安装量不断增加，储能等并网需要考虑不同储能系统之间的协调控制。此外，在像"云储能""共享储能"这样全新的商业模式下，储能的运营还需要考虑海量用户的差异化需求与互动，海量的控制信号交换需要在较短时间内完成。

在配电自动化方面，配电网可能会出现短路、断路等各种故障，这种情况下需要实现快速故障切除；此外，继电保护装置需要对信号进行综合分析，判断故

---

❶ 王毅，陈启鑫，张宁，冯成，滕飞，孙铭阳，康重庆. 5G 通信与泛在电力物联网的融合：应用分析与研究展望 [J]. 电网技术，2019，43（05）：1575-1585.

障类型以做出正确动作。以差动保护为例，需要实时计算比较线路两端保护装置的量测值，如果两端量测存在较大时差，就有可能"差之毫厘谬以千里"。

在电力电子设备控制方面，未来配电网将接入越来越多的电力电子装置，以实现可再生能源接入、储能接入、无功补偿、电能质量改善等。电力电子装置对控制精度要求较高，特别是有时候需要两个甚至多个电力电子装置的分布式协调控制。

（3）海量量测。在大数据时代，采集海量多元化数据是开展大数据分析的基础。传统电力系统中，虽然已经安装大量的传感器，但限于通信压力，很多数据只能舍弃仅保留最基本的信息，细粒度信息的缺失极大制约了大数据分析在电力系统中的实际应用。此外，5G 通信使得万物互联，可以促进电力系统安装更多传感器，实现更多元化的数据采集。

在海量用电数据采集方面，我国虽然具有较高的智能电表普及率，但很多智能电表并不上传半小时的用电数据，仅保留每天的用电量，为用户用电行为分析带来了挑战。5G 通信速率高，能够实现海量用电数据的及时采集，甚至包括某些更细粒度的家庭设备用电数据。非侵入式辨识技术在 20 世纪七十年代就开始研究，但至今没有大范围的使用，重要原因之一就是非侵入式辨识需要至少秒级的用电功率数据，对于传统载波通信而言难以实施；而 5G 通信时代使秒级甚至更细粒度的数据采集成为可能，也为用电大数据分析、构建电力用户行为模型、促进广泛的用户互动提供了坚实的数据基础。

在电网运行状态监测方面，目前对电网运行状态的监控主要是输电网络，但是对于配电网络的监测较少。5G 通信较光纤通信成本较低，也能保证通信的可靠性和实时性，可以在配电网不同节点安装传感单元，实时感知配电网络的运行状态（电压幅值相角、注入有功无功等），为配网拓扑辨识、潮流分析、参数估计等提供支撑。目前已有相关实践，在配电网某些关键区域安装微型同步相角量测单元（micro-PMU），为配电系统中的各种故障监测提供支撑。这种情况下，海量的 PMU 数据传输也需要 5G 通信的支持。此外，低时延的 5G 通信数据传输也为微型 PMU 的同步对时提供了新的机遇。

在电力设备状态监测方面，变压器、配电线路等电气设备的健康运行是整个配电系统运行的重要保障。传统电力系统主要对高压设备运行状态进行检测，而 5G 通信时代的电力物联网中，配电网中海量电力设备也将实现信息互联互通，实时监测电力设备各项参数，也感知外界环境（如温度等）的变化，能够帮助调度决策者进行综合分析，评估电力设备运行状态，为电力设备检修安排等提供参考。

在电动汽车管理方面，随着电动汽车普及率不断提高，交通网和电力网的耦合程度不断提升，如果海量电动汽车的出行规律、电池使用状态，以及充电桩充放电等数据能够实时获取并交换，对于车主和配电网运营商的最优决策也能提供帮助。

（4）宽带通信。海量量测数据采集主要面向结构化的电气量等数据，而在电力物联网中，还需要采集语音、视频等海量的非结构化数据，以实现全方位的配电网感知和更优质的个性化服务。

在视频远程监控方面，无人机巡检是一种高效的电力网络监测方式，通过无人机拍摄电力线路或者设备的视频，工作人员以此判断线路或者设备的健康状态。5G通信能够高速率传输相应的视频通信，优化决策者体验。除传统变压器、线路等需要巡视机器人或者无人机之外，分布式光伏板、储能等装置有时也需要进行视频监测，获取对光伏板沾灰量、储能外部装置安全程度等信息，便于开展清洗、加固等工作。5G通信在未来物联网中一个典型应用就是远程医疗，通过对病人身体指标各方面的量测及视频监测，医生能够开展远程诊断，极大方便患者就医治疗。配电系统也是如此，需要通过各方面海量量测及视频监测，配电网运营商等实现配电系统的"健康诊断和治疗"。

在电力虚拟现实方面，一般来说，虚拟现实就是通过视觉、通信、仿真等技术，给使用者提供全新的视觉体验，模拟真实环境，实现更好的服务。虚拟现实对网络环境要求较高，因为需要实时更新高清画质。而在5G通信时代，电力物联网也可以打造电力虚拟现实。例如为配电网运营商打造虚拟现实，对量测到的海量数据及视频进行处理，展现配电网络全景图，还能够根据运营商选择不同区域了解其细节，助力打造透明配电网。又如通过虚拟现实，设计不同的仿真培训系统，有针对性地对员工进行巡检、管理等各方面的培训，减少实地考察环节，节约成本。

（5）高效计算。为了保证系统的安全可靠运行，系统需要进行大量运算，例如最优潮流计算、最优控制计算、稳定性计算等；除此之外，还有随着海量数据采集带来的大数据计算，例如海量曲线聚类分析等。这些计算可能存在较高的时空复杂度，需要高效的计算方法，电力物联网时代，云计算和边缘计算将有广泛的"用武之地"。

在云计算方面，小型售电商或者用户不拥有大量的计算资源，此时可以通过云计算开展运营决策、智能家庭能源管理等，把计算任务搬到云端，通过5G

通信保障计算便捷条件与计算结果的高效传递，从而实现各种控制。不同配电网参与主体还能够对自己的数据进行云存储，打造相应的数据云平台。

在边缘计算方面，由于数据本身就分布在不同节点，此时将所有数据集成到一个云端一方面必要性不大，另一方面也存在信息安全隐患。分布式的数据在边缘侧直接进行计算，通过不同边缘计算的协调获取全局结果。例如在多主体配电网中开展最优潮流分析或者电压控制时，可以设计相应的分布式优化算法，开展边缘计算，既提升效率，又保护隐私；又如海量用电数据存储在不同的数据中心，可以设计分布式聚类算法，通过边缘之间的通信迭代，获取全局聚类结果，实现海量用户用电模式的提取。

电力物联网的建设刚拉开序幕，5G 通信时代也即将到来，5G 通信将重塑未来生活方式，也将重塑"物理—信息—社会"深度耦合的电力与能源系统。5G 通信时代下的电力物联网将焕发更多生机，更好地促进电力和信息的互联互通。

2.5 电力物联网体系架构及实施方案

2.5.1 电力物联网体系架构与功能

作为物联网技术、大数据技术、优化运行调控技术深度融合的复杂大系统，电力物联网呈现出能量流、信息流与业务流交互耦合的特征，将深刻影响未来电网的运营模式，其总体体系架构分为感知层、网络层、平台层和应用层。电力物联网分层体系架构如图 2-7 所示。

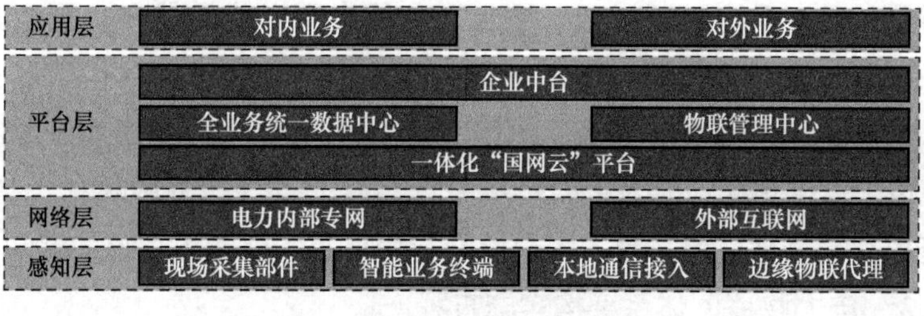

图 2-7 电力物联网分层体系架构

1. 感知层

感知层是电力物联网的"神经末梢"。其重要功能在于，采用多种类型的传感器深入设备，实现全面感知。感知层设备包括电网一次系统的电压电流互感器和二次系统的电能表、集中器等各类终端，以及用户侧多种多样的智能电器。通过泛在感知所获取的海量数据使控制决策单元能够以前所未有的广度和深度获知电网各个环节的运行状态，使电网在面对诸如间歇性新能源并网、随机负荷投切、电动汽车时空集群效应时，能够实时掌握系统状态，及时发现故障隐患，评估安全运行风险；同时，通过灵活调整电网拓扑，实时控制电源出力，优化用户用能模式，从而提高电网对高比例分布式新能源与新型负荷的接纳能力，强化电网应对突发故障的容灾性。

2. 网络层

网络层的功能在于为电力物联网的各类型业务提供确定的通信服务质量，以及安全的信息交互通道。网络层按安全等级与数据类型划分为内部专网和互联外网。具体的通信方式则根据实际工况、传输距离、经济成本等灵活选择，包含移动空中网、传统互联网、近距离无线传输及近距离有线传输，其中电力线载波与230MHz无线通信为电力通信系统特有通信方式，而5G技术则是电力物联网新兴应用的通信方式。

3. 平台层

平台层承载海量电网运行数据、用户侧用能数据，以及其他能源系统数据的统一化存储与管理。其作用在于解决传统能源生产运行方式下存在的信息碎片化存储问题，打破信息孤岛现状，实现信息互联共享。通过搭建数据中心、云平台的方式，平台层对下完成网络层传输数据的实时收集与更新，对上则基于大数据存储与分析技术为各种特定的高级应用提供跨域共享数据资源，实现电力系统向电力和数据并重的发展方向转型。

4. 应用层

应用层是电力系统向枢纽型、平台型和共享型变革的外在表现。其功能在于，基于海量电网运行数据与用户侧用能大数据，并针对电网运营业务（如智能运维、电能结算、配电自动化）、用户用能业务（如个性化用能推荐、电动汽车智能充电、需求侧响应）及综合能源系统运营业务（如协调规划、储能市场）等，搭建各类针对性应用平台，实现电网与用户及其他能源系统的感知互动。

2.5.2　电力物联网体系架构实施方案

电力物联网作为贯通电力系统生产运行、经营管理和对外客户服务的数据流与业务流的融合平台，其实施方案需考虑发电业务、输电业务、变电业务、配电业务、用电业务、经营管理等多维业务场景需求，支撑电力系统常规业务的运营及新兴业务的发展。因此，可将电力物联网云平台细分为系统运行控制、综合能源服务、电力市场交易与企业经营管理等子平台进行建设。系统运行控制云平台可实现电力系统状态监测、优化调度与智能运维，主要支撑发、输、变、配四大业务场景；综合能源服务平台可通过用电信息采集与分析，实现智能用电管理，与提供交易辅助决策服务的电力市场交易平台共同支撑用电业务场景；企业经营管理云平台则基于设备信息采集，支撑企业物资管理、财务管理、工程管理等经营管理业务场景。

在建设时序方面，由于当前电力物联网建设以电网企业为主导，且电网侧已经为智能电网的建设实现了关键节点数据连接，初步建成电力物联网。因此，电力物联网的建设应以电网侧的"万物互联"为切入点，大规模部署电网信息采集终端，实现对整个电网运行信息、故障信息、设备信息的全面感知，其后打通发电侧电厂和需求侧用户的数据壁垒，部署发电信息、用户信息数据采集终端，实现真正的电力"万物互联"。

1. 系统控制运行云平台

在能源革命推动下，出力具有随机性、波动性的风电、光伏等间歇性可再生能源的高比例接入，为电力系统的安全稳定运行带来了挑战，是当前发、输、变、配 4 大业务场景亟须解决的问题，电力物联网建设应通过广泛布置风速仪、风向标、照度采集器等传感器装置实时获取气象环境数据，并应用机器学习、大数据分析等技术实现可再生能源出力的精准预测。同时基于源、网、荷、储运行状态的全面监测，结合超实时计算对全网信息的实时分析，在线动态计算潮流，实现系统安全态势量化评估与广域智能协同控制，提升高比例可再生能源电力系统运行的安全性和经济性。

此外，发电机组、输电线路、变电站及配电网的智能运维业务也是电力物联网在系统运行控制领域的建设重点之一。电力物联网可基于系统全面感知与监测数据，及时发出故障预警，并应用模糊理论智能诊断故障来源，在快速隔离故障，实现自我恢复的同时，结合网络拓扑信息，考虑人员技能约束、物料可用约束，通过智能的优化算法，制定抢修计划。

目前，宁夏输电设备及线路状态监测系统示范工程已实现了输变电设备状态的实时诊断和风险评估，福建输电线路无人机智能巡检系统示范工程也基于无人机传感系统，首次研发了适用于山区电网巡检的专用无人机飞行控制系统。

2. 综合能源服务云平台

能源服务平台为电网、用户提供了互动平台。利用合理的商业模式与激励政策提升用户参与电力互动的积极性，通过电动汽车参与电网调峰调频对用户进行电价补偿，通过智慧能源服务平台将传统能源企业、园区工业、智慧城市、新兴企业全部纳入服务范围，通过电动汽车联网、光伏云网、终端边缘计算等技术，提供基础供电服务以外的互联网金融、大数据运营、线上供应链金融等新型能源服务，从而建成涵盖发电运营、电网、政府、金融机构、第三方投资、用户、装置制造等在内的能源生态体系。

在需求响应业务方面，基于海量用电数据，应用大数据分析技术开展用户用能习惯分析、电价敏感性分析与用电设备用能特性分析，针对电力市场、碳交易市场等市场价格信号，结合用户用能需求，通过智能优化算法，制定用能优化策略，并依托智能终端实现自动需求响应，有效节约用户用能成本，同时也可为政府及电网企业制定需求响应激励机制提供决策支持❶。

在电动汽车及充电设施管理方面，通过在电动汽车、动力电池、充电设备中设置传感器和射频识别技术系统，可以实时感知电动汽车运行状态、动力电池使用状态、充电设施运营状态等，云平台可根据电价信息、充电站可用情况和等待充电的车辆数目、位置与电池剩余电量，应用云计算从充电时间和充电位置两方面为车主制定充电策略，实现充电车辆的优化调度。

在区域综合能源管理方面，针对含分布式电源、储能的用户侧综合能源系统，依托物联网技术，灵活定制组网，应用分布式计算技术，根据用户用能、分布式电源出力、储能运行等采集数据，快速制定区域综合能源系统的优化调度方案，实现区域能源系统内部的多能互补及外部与大电网之间的协调运行。

目前，北京、上海等地已开展了基于用电可视化、负荷优化控制等物联网相关技术的智能小区居民用电管理试点项目。浙江省鹿西岛分布式发电并网示范工程也利用物联网的无线传感器技术交互信息，实现了风光互补协同调度，为岛上建筑群提供分布式供能系统。

3. 电力市场交易云平台

电力市场交易云平台主要支撑发电企业、电网企业、售电公司、用户等主体的市场交易业务，提供购电管理、售电管理、电价套餐及费用管理等功能，实现购、售一体化的交易管理。随着分布式能源的快速发展，能源电力交易模式也正在由集中式向分布式演化，电力物联网可融合物联网技术与区块链技术，构建分布式能源灵活交易平台，推动能源灵活自主微平衡交易。交易数据采用分布式、不对称加密的方式保存在区块链上，不可篡改、实时共享，保证交易透明可信，可有效解决电力市场的交易信任问题。同时应用智能合约将烦琐、耗时、繁杂的业务清算以数字形式保存在区块链上，通过计算机系统自动执行，

❶ 曾鸣，王雨晴，李明珠，董厚琦，张晓春，王好雷，霍现旭，张志刚. 泛在电力物联网体系架构及实施方案初探［J］. 智慧电力，2019，47（04）：1-7，58.

也可使结算过程变得更加简单与结构化，实现分布式能源、分布式储能主体与工业大用户及个人、家庭级微小用能主体间的点对点实时自主交易。此外，碳交易、可再生能源配额交易、绿色证书交易、绿色货币交易等支撑平台，也是电力物联网在市场交易领域的建设重点❶。

4. 企业经营管理云平台

电力物联网在企业经营管理业务领域的建设，以通过 RFID 技术对设备进行自动识别记录，实现物资流、信息流、价值流合一的资产全过程、集约化、精益化管理为基础。在仓库管理环节，通过 RFID 进行设备批量登记、仓储监管、库存盘点等操作，可有效提高仓库管理的工作效率；在配送管理环节，通过部署 GPS 终端实现配送物资的实时追踪，可提高物资配送过程中的透明度和安全性；在闲置设备管理和报废设备处置环节，通过物联网技术开展环境监测与处置监测，可确保闲置设备有效封存及有害物资的妥善处理。电力物联网可进一步打破资产管理、物资采购、财务管理等业务之间的业务壁垒，共享海量资产设备数据，实现账、物数据更新的唯一性、完整性、准确性和及时性，提高采购管理、合同管理、财务管理等业务管理水平❷。

此外，电力物联网还可基于系统运行控制云平台与综合能源服务云平台中的系统运行数据及用户用能数据，应用大数据分析技术开展电网运行薄弱环节诊断及中长期负荷预测，以此为基础生成电源及电网规划方案建议。同时，可综合考虑规划项目的重要性与紧迫性，针对已入库的规划项目进行筛选，合理安排建设时序，并与资产管理、物资采购等互联互通，实现建设项目的全过程管理。

---

❶ 曾鸣，王雨晴，李明珠，董厚琦，张晓春，王好雷，霍现旭，张志刚. 泛在电力物联网体系架构及实施方案初探［J］. 智慧电力，2019，47（04）：1-7，58.

❷ 曾鸣，王雨晴，李明珠，董厚琦，张晓春，王好雷，霍现旭，张志刚. 泛在电力物联网体系架构及实施方案初探［J］. 智慧电力，2019，47（04）：1-7，58.

3 电力物联网的商业模式分析

3.1 价 值 定 位

为了应对能源问题的挑战，未来的电力系统必然将为全球经济可持续发展提供清洁分布式能源。大量分布式能源的接入给电力系统的经济运行和安全管理提出了前所未有的挑战。物联网技术正处于应对这一挑战的最前沿，它可以通过泛在的感知技术赋予电力系统动态的灵活感知、实时通信、智能控制和可靠的信息安全等能力，不断提升电网运行控制和调度的智能化水平，持续深入提高各种类型能源之间的互动能力，从而使电网从单纯的电力传输网络向智能能源信息一体化基础设施扩展，将现有的电力系统转变为更高效、更安全、更可靠、更具弹性和可持续性的智能网络化电力能源系统[1]。

目前，世界上越来越多的国家认识到物联网在电力系统升级和转型中的重要作用。我国也正积极地开展针对电力物联网的研究和实践工作。2018 年 2 月 7 日，国家电网有限公司在其信息通信工作会议上首次明确提出将"打造全业务泛在电力物联网，建设智慧企业，引领具有卓越竞争力的世界一流能源互联网企业"作为新时代国家电网公司的信息通信战略目标[2]。2019 年，"泛在电力物联网"这个名词首次出现在国家电网有限公司的"两会"报告中[3]。2019 年 1 月 13 日发布的国家电网有限公司 2019 年"1 号文件"中将"打造状态全面感知、信息高效处理、应用便捷灵活的泛在电力物联网"排在年度重点工作首位。至此，"泛在电力物联网"被视为是与电网融合发展的"第二张网络"，成为该公

---

[1] 傅质馨，李潇逸，袁越. 泛在电力物联网关键技术探讨 [J]. 电力建设，2019，40 (05)：1-12.

[2] 叶祖丽. 推进高质量发展支撑世界一流能源互联网企业建设：公司 2018 年信息通信工作会议解读 [N]. 国家电网报，2018-02-12 (2).

[3] 北极星输配电网. 实现"三流合一"推动坚强智能电网与泛在电力物联网融合发展 [EB/OL]. (2019-01-23). http://shupeidian.bjx.com.cn/html/20190123/958539.shtml.

司与"坚强智能电网"相提并论的重点工作，其将综合应用物联网技术、大数据技术、人工智能技术等各项新技术，与新一代电力能源系统相互深度渗透和融合，实现能源电力生产与消费各环节中涉及的人和物的最大限度地实时在线互联，进而发展成为全面承载并贯通电网生产运行、企业经营管理和对外客户服务等业务的新一代信息通信系统。作为有力支撑我国能源互联网高效、经济、安全运行的基础设施，电力物联网俨然已经成为电力能源领域战略性的新兴科研和产业发展方向。

以电为载体和枢纽实现能源转型已成为业界共识，国家电网公司提出的"三型两网、世界一流"战略目标就是能源互联网产业发展的重要实践之一。正如清华大学电机系教授孙宏斌所说，"泛在电力物联网就是能源互联网在电力行业的实例化。"孙宏斌认为，泛在电力物联网的使命，就是破除阻碍开放共享能源生态形成的各类壁垒，其中包括两类：第一类是物理之墙，比如冷、热、气、电、交通等不同行业之间的壁垒，要以构建综合能源系统去突破；比如固定电网与移动的能量消费者之间的壁垒，就要通过无线充电等更加便捷的能源 WiFi 来破除。第二类是非物理之墙，包括管理之墙、商业之墙、区域之墙、政策之墙及学科之墙等。

国网能源研究院有限公司王智敏、孙艺新指出，物联网是电网企业发展的重要机遇：依托物联网，进一步提升电网企业与外部用户的交互能力，使客户从单一使用者向能源供应和服务的参与者转变，提升客户的感知能力、交互能力和参与度，充分挖掘物联网技术在用户侧的优势。电网企业需深入研究如何充分利用现有资源，开展通信光纤网络、无线专网和电力杆塔的效能提升及商业化运营等。同时，积极探索将原变电站改造为变电站、充换电站（储能站）和数据中心站三站合一的实施方案，提升数据感知、分析运算效率，进一步强化物联网与智能电网的融合发展。同时，研究新一代定制化智能电表，推进智能家居普及率，以智能电表和智能家居为用户终端信息载体，提升信息获取和交互频度，及时预判用户需求、环境变化、市场预期等因素，通过精准分析、合理应对、及时反馈，实现电网企业提质增效和能源服务便捷优质。

从以上官方发布的文件和领导以及行业专家的发言中，可以将电力物联网的价值定位归纳总结为如下几个方面❶。

---

❶ 中国能源报. 泛在电力物联网将催生众多新业态［EB/OL］.（2019-6-10）http：// shupeidian.
bjx. com. cn/html/20190610/985163. shtml.

3.1.1 重构传统电网生态

根据规划，建设电力物联网，通过与智能电网的融合，将实现电网的数字化、网络化和智能化，把电网打造成"源—网—荷—储"全程在线、设备和装置全程在线、产业与生态全程在线的平等互联的平台，使电网成为能源输送和转换的枢纽、社会经济和民众需求的共享平台。同时，驱动电网从传统的工业系统向平台型转化，支撑供给侧和消费侧联动，高效连接新能源、各类储能、电动汽车、电能替代、能效互动等元素和服务，开放共享并高效地实现供需匹配。

同时，能源互联网建设，将使得电网业态发生转移，由传统的电量供应和基础保障转变为枢纽型、平台型和共享型的综合能源服务，将传统依靠投资的动能，转变为依靠技术创新和模式创新的新发展动能。

主要包括：一是能源互联网建设和演进将促使和带动能源绿色发展、技术创新。能源技术和数字技术、高科技融合创新，推动生态发展。二是基于能源互联网共享平台实施互联网模式与生态。在平台战略下，实现能源供给、增值服务中各要素和社会需求的高效匹配，促进利益共享和充分交易。三是能源与互联网产业结合将形成新工业形态，提供新的发展动能。能源互联网通过提供绿色、高效、优化的能源供给，带动社会新利益、新模式出现。通过科技创新和业态创新，能源互联网将形成能源新经济和规模性动能，驱动我国经济社会发展。

期间，国网将打造5个源网荷储协同服务——电动汽车及分布式新能源、家庭智慧用能、社区多能供应、商业楼宇能效提升、工业企业及园区能效提升，以及5个能源互联网生态圈——电动汽车、分布式光伏、综合能效、能源电商、大数据商业化。

3.1.2 推动能源结构优化调整

电力物联网建设将促进能源技术和数字技术深度融合，改进能源系统的稳定性，提升清洁能源和可再生能源的有效利用水平，驱动能源变革：一是驱动能源结构向绿色、清洁、可再生转变，助力污染防治攻坚战；二是驱动能源消费由粗放式向高效利用转变。电力物联网建设将提升能源系统的整体效率，促进总体社会能效提升，带动绿色生态、综合能源服务兴起及电动汽车快速发展，形成清洁绿色可持续的社会生态。

3.1.3 推动核心技术融合应用

电力物联网建设将发挥电网的网络属性和对全社会的广覆盖度和高渗透度

优势，通过全面感知和互联，带动社会转型发展。电力物联网建设，将促进如5G、芯片、人工智能等高科技核心技术的融合应用，并带动高科技在实体工业产业的创新发展。据了解，目前国网正和三大运营商开展5G网络应用层面的测试。

3.1.4 促进工业互联网在电力行业落地

对国家而言，电力物联网建设将促进工业互联网在电力行业落地。工业互联网是我国经济发展转型的重要战略步骤，建设能源互联网就是实现工业互联网在电力和能源领域的连接，是能源电力体系和互联网体系深度融合而形成的全面感知、全程在线、全要素互联的能源电力新业态，将打破传统的工业体系，形成一种新的技术和模式体系。能源互联网建设，将成为全面推进"互联网＋"，运用新技术、新模式改造传统产业的典范，驱动实体互联网规模性形成，有力支撑互联网经济由虚向实转化。

3.1.5 增强民众参与度和获得感

能源互联网将变革传统的电网工业体系，实现以客户为中心，面向社会开放共享，提供ToC服务。用户在享受到绿色、清洁能源的同时，将由消费者向产销者转变，与电网实现双向互动，多种形式的绿色微能源将随需接入并参与互动交易。也就是说，能源互联网不仅提供基础的能源供给，还提供多种形式的增值服务，用户可获得节能、能效、交易等其他价值和利益，提高参与度。

同时，对民众而言，电力物联网建设将使用能者和国家电网公司形成在线互联，实现用能方式的选择，并可以选择时间、电价、取能对象等。而且，民众将以相同的价格获取更高效的能源服务，提升获得感。此外，基于能源互联网平台，开展万众创新，将实现互联网式的大众创业。

3.2 目 标 客 户

从工业生产、交通运输、商业网点到居民住户，电力与国民经济和居民日常生活密切相关。但是随着社会经济发展和改革开放的持续推进，我国电力体制改革步入深水区，国家电网公司内部对于公司发展和业务调整，也有一定的共识和紧迫感，主要集中在以下几个方面❶：一是随着新能源发电占比升高，电网形态日趋复杂，对电网的安全稳定运行提出了更高要求；二是电改推进、政

---

❶ 能源评论. 打造"泛在电力物联网"应规划先行 [J]. 物联网技术，2019，9（03）：5-7.

府及社会对电价下调的要求，导致企业经营面临瓶颈；三是在互联网经济与数字经济蓬勃发展，社会经济形态发生深刻变化，在改革即将进入深水区之际，如果没有做好未来几年的发展转型，通信运营商现在面临的困境可能就是国家电网公司的明天。物联网的兴起从根本上改变了企业同供应商和客户的交互方式，国家电网公司在建设泛在电力物联网过程中要积极与物联网融合，提高对客户需求的敏感度，增强客户服务意识，加强双方的密切沟通❶。

原则上凡是存在指挥调度、协同管理等需求的政府部门、商业企业和个人用户都是电力物联网的潜在客户❷。物联网不仅要实现人对人，人对物，物对人的信息自动化，还要实现物与物之间的信息自动化。对于电力物联网的目标客户，面向人群的客户群可划分为个人、集团和家庭三个市场，在向面向非人群的客户群中出现了物，即动物、器物，所以有面向人的客户群的营销服务，还有面向非人的即面向物的客户群的营销服务。当然，面向物的客户群是不能和相关的人的客户群割裂开来营销服务的，而是需要有机地结合起来。从行业应用的角度来看，目前针对网络化生产的行业和单位是物联网的大买家。物联网应用具有较大的时空维度变化、巨量的数据交互需求的特征，一旦实现可行的经济信息化，则管理水平、生产效率有划时代的变革性。

中国电力企业的传统商业模式将目标客户粗略地分为工业用户、商业用户和居民用户，缺乏市场细分。泛在电力物联网下的商业模式要基于客户多样化的需求，对目标客户进行深度精准的细分。具体来说，就是电力消费者需求呈现更加多样化，除了对清洁能源和低碳环保的要求，对生存环境的舒适度要求也越来越高，除了对于提升能源效率的期盼，还有了用电知情权的诉求。电网已不再是传统意义上的单一的传输功能，而是增加了多种社会元素，承载了多种数据信息，承担了更多的社会责任，这是建设泛在电力物联网在需求侧的重要推动力。通过前端信息感知，支撑数据采集和具体业务开展。通过广泛应用大数据、云计算等先进技术，进行多元信息融合分析，为电力用户、电网生产运行和新业务新模式发展，为企业生态环境构建提供信息和决策支持❸。

具体可将营销的目标客户分类如下：

（1）政府部门：政府、海关、交警、消防、电力、煤气、公共设施、社区服务。

---

❶ 王君安，高红贵，颜永才，易艳春. 能源互联网与中国电力企业商业模式创新［J］. 科技管理研究，2017，37（08）：26-32.

❷ 张云霞. 物联网商业模式探讨［J］. 电信科学，2010，26（04）：6-11.

❸ 刁柏青. 从四个视角看"三型两网"［N］. 中国能源报，2019-05-06（014）.

（2）社会服务：广播影视、医院急救、体育场馆、社会福利机构、大中小学校。

（3）商业服务：旅游、饭店、娱乐、餐饮、物业、银行、保险、证券、投资。

（4）企业集团：油田、矿山、大型厂矿、制造业、农场、畜牧、林业、房地产。

（5）贸易运输：公交出租、邮政快递、仓储物流、水运航空、批发零售、连锁超市。

（6）大型活动：展览会、运动会、大型会议、集会活动。

3.3 业 务 模 式

2018 年 2 月，国家电网公司 2018 年度信息通信工作会议提出了建设国网-电力物联网 SG-eIoT（electric Internet of Things）的技术规划。SG-eIoT 系统在技术上将分为终端、网络、平台、运维、安全五大体系，打通输电业务、变电业务、配电业务、用电业务、经营管理五大业务场景，通过统一的物联网平台来接入各业务板块的智能物联设备，制订各类电力终端接入系统的统一信道、数据模型、接入方式，以实现各类终端设备的即插即用。

《泛在电力物联网建设大纲》中明确指出，国家电网公司的业务分为对内业务和对外业务。对内业务就是指发生在电网侧的业务，主要涉及电网的安全经济稳定运行。在电网领域，电力物联网更多的是在信息互联和数据智能层面的探索和突破；在局部环节，比如智能台区及以下、配电自动化等，存在一定的物联空白，可能根据管理需要，投资一部分的自动化和数字化设备。对外业务就是指综合能源服务，建成智慧能源综合服务平台，形成能源互联网生态圈。

3.3.1 对内业务 ❶

1. 提升客户服务水平

以客户为中心，开展泛在电力物联网营销服务系统建设，优化客户服务、计量计费等供电服务业务，实现数据全面共享、业务全程在线，提升客户参与度和满意度，改善服务质量，促进综合能源等新兴业务发展。推广"网上国网"应用，融通业扩、光伏、电动汽车等业务，统一服务入口，实现客户一次注册、

---

❶ 国家电网有限公司能源互联网部. 泛在电力物联网建设大纲［EB/OL］.（2019-03-11）. http://www.chinasmartgrid.com.cn/news/20190311/632172.shtml.

全渠道应用、政企数据联动、信息实时公开。

2. 提升企业经营绩效

实施多维精益管理体系变革,统一数据标准,贯通业财链路,推动源端业务管理变革,实现员工开支、设备运维、客户服务等价值精益管理,挖掘外部应用场景,开展价值贡献评价,实现互利共赢。围绕资产全寿命核心价值链,全面推广实物 ID,实现资产规划设计、采购、建设、运行等全环节、上下游信息贯通;建设现代智慧供应链,实现供应商和产品多维精准评价、物资供需全业务链线上运作,提升设备采购质量、供应时效和智慧运营能力。

3. 提升电网安全经济运行水平

围绕营配调贯通业务主线,应用电网统一信息模型,实现"站—线—变—户"关系实时准确,提升电表数据共享即时性,构建电网一张图,重点实现输变电、配用电设备广泛互联、信息深度采集,提升故障就地处理、精准主动抢修、三相不平衡治理、营配稽查和区域能源自治水平。立足交直流大电网一体化安全运行需要,引入互联网思维,建设"物理分布、逻辑统一"的新一代调度自动化系统,全面提升调度控制技术支撑水平。打造"规划、建设、运行"三态联动的"网上电网",实现电网规划全业务线上作业;开展基建全过程综合数字化管理平台建设,推进数字化移交,提升基建数字化管理水平。

4. 促进清洁能源消纳

全面深度感知源网荷储设备运行、状态和环境信息,用市场办法引导用户参与调峰调频,重点通过虚拟电厂和多能互补提高分布式新能源的友好并网水平和电网可调控容量占比;采用优化调度实现跨区域送受端协调控制,基于电力市场实现集中式新能源省间交易和分布式新能源省内交易,缓解弃风弃光,促进清洁能源消纳。

3.3.2 对外业务

1. 打造智慧能源综合服务平台

以优质电网服务为基石,发挥公司海量用户资源优势,打造涵盖政府、终端客户、产业链上下游的智慧能源综合服务平台,提供信息对接、供需匹配、交易撮合等服务,为新兴业务引流用户;加强设备监控、电网互动、账户管理、客户服务等共性能力中心建设,为电网企业和新兴业务主体赋能,支撑"公司、区域、园区"三级服务体系。

2. 培育发展新兴业务

充分发挥公司电网基础设施、客户、数据、品牌等独特优势资源,大力培育和发展综合能源服务、互联网金融、大数据运营、大数据征信、光伏云网、三站合一、线上供应链金融、虚拟电厂、基于区块链的新型能源服务、智能制造、"国网芯"和结合5G的通信、杆塔等资源商业化运营等新兴业务,实现新兴业务"百花齐放",成为公司新的主要利润增长点。如电商大数据金融已为企业创造效益,公司品牌已经带来新的经济价值,全力推动"国网芯"规模化应用。

3. 构建能源生态体系

构建全产业链共同遵循,支撑设备、数据、服务互联互通的标准体系,与国内外知名企业、高校、科研机构等建立常态合作机制,整合上下游产业链、重构外部生态,拉动产业聚合成长,打造能源互联网产业生态圈。建设好国家双创示范基地,形成新兴产业孵化运营机制,服务中小微企业,积极培育新业务、新业态、新模式。

3.4　合　作　伙　伴

3.4.1　信息通信企业

2019年是电网信息化产业繁荣的起点,也是产生质变的开始,电力物联网今后建设的重点为加强基础设施的建设、拓展功能应用。其中,信息通信技术是坚强智能电网和电力物联网融合发展、协同推进的基础。信息通信服务能力是成功打造"三型"企业的关键。国家电网信息通信产业单元从事的骨干通信网络建设运行、数据中心运行维护、信息系统建设运行和网络信息安全分析监控等业务,既是构成"两网"的关键主体要素,也是促进"两网"融合、发挥能源互联网潜在价值的核心支撑。电网信息通信行业中的两家主要企业——国网信通产业集团和国电南瑞有望迎来新的发展。

国网信通产业集团是国家电网有限公司整合系统内优质的信息通信资源成立的全资子公司,是中国能源行业主要的信息通信技术、产品及服务提供商,构建了涵盖咨询、芯片、通信、信息、数据、集成、运维、位置、安全的信息通信全产业链,能够有效服务智能电网和电力物联网建设,服务经济社会发展❶。目前,国网信通公司以"1+3"的工作思路,围绕全面支撑总部专业部门工作,把握坚强智能电网安全稳定运行的支撑者、电力物联网的数据平台提供

---

❶ 国网信息通信产业集团有限公司. 公司介绍［EB/OL］. (2019-06-30). http：// www. sgitg. sgcc. com. cn/html/xcjt/col2018072503/column_2018072503_1. html.

者、全场景网络安全守护者的定位，全力保障跨区电网安全稳定运行，构建云网协同的电力物联网数据平台，构筑全程联动的网络安全防御体系❶。

多站融合业务是当前国家电网有限公司电力物联网建设专项试点任务之一，通过深入挖掘变电站资源价值，建设运营充电站、储能站、北斗基站和数据中心站等设施。依托变电站贴近用户、广泛覆盖、电力保障等优势，多站融合，通过就近满足用户电力、算力、存储、连接等服务需求，为电力物联网提供实现物理世界和数字世界连接的 IT 基础设施资源，满足 5G 网络建设中的多接入边缘计算（MEC）站建设需求。国网信通产业集团拥有数据中心、充换电（储能）站建设与运营资源优势，在开展多站融合业务建设及运营方面具有产业优势❷。

南瑞集团有限公司（国网电力科学研究院有限公司）是国家电网有限公司直属科研产业单位，是我国能源电力及工业控制领域卓越的 IT 企业，是国际知名的智能成套装备及整体解决方案提供商。主要从事电力自动化及保护、电力信息通信、电力电子、智能化电气设备、发电及水利自动化设备、轨道交通及工业自动化设备、非晶合金变压器的研发、设计、制造、销售、工程服务与工程总承包业务❸。

国电南瑞在智能电网二次领域具有长期的技术积累，2017 年重组后完善了信息通信领域全产业链，具有相关终端、网络、平台、安全、应用等环节完整的产业体系，是电力物联网建设的主力军。董事长冷俊表示，国电南瑞具有全面支撑国家电网公司电力物联网领域 6 个方面、11 个重点方向、57 个重点项目的能力，将积极推进国家电网公司电力物联网建设落地实施。据了解，在电力物联网建设中，国电南瑞将重点围绕提高电网效能、强化精益管理、培育新兴业务、拓展增值服务推动关键技术和产品研发。公司将通过信息安全技术，支撑构建电力物联网全场景安全防护体系；通过智能感知终端，提高设备全息感知能力及泛在连接能力；通过新一代电网调控系统，支撑电网安全运行水平提升；通过新一代交易系统，支撑现货交易、辅助服务交易、分布发电交易等；通过智慧能源综合服务平台，实现车联网、光伏云网、综合能源服务等新兴产业拓展；通过融媒体、移动办公、现代供应链等应用系统，支撑企业多维精益

❶ 林楠. 加快创新发展全力支撑泛在电力物联网建设［N］. 国家电网报，2019-04-04（003）.
❷ 侯睿. 探索泛在电力物联网等领域深度合作［N］. 国家电网报，2019-06-12（002）.
❸ 南瑞集团有限公司. 公司介绍.［EB/OL］.（2019-06-30）. http://www.sgepri.sgcc.com.cn/html/nari/col1030000017/2012-72/21/20127221815166690693824_1.html.

管理；以及通过人工智能、机器学习、视觉计算、自然语言处理等技术，构建电力物联大脑，支撑发电侧、电网侧、客户侧全方位智能化转型❶。

3.4.2　电力二次设备企业

电力设备主要分为电站主机设备、输变电一次设备、二次设备及电力环保设备。电力二次设备是对电力一次设备和电力运行进行保护和监控，以保障电力系统安全、经济运行顺利的电力设备。传统意义上的二次设备主要包括继电保护和电力自动化产品，而计算机、互联网和通信技术的发展，为电力二次设备提供了大量革命性的新技术手段。利用计算机、网络及通信技术对电力生产中的实时信息进行采集、处理，并对电力一次设备实施远程监控成为技术的主流和发展方向，实质属于电力系统的应用集成，即利用现有的计算机、网络及通信技术和设备，开发适用电力系统的自动化应用软件和装置。电力二次设备行业成为一个大量应用现代计算机、网络和通信技术的高科技行业❷。目前在电力信息化相关领域深耕多年的电力二次设备企业包括许继电气、金智科技、新联电子、恒华科技、朗新科技等。

许继集团是国家电网公司直属产业单位，是专注于电力、自动化和智能制造的高科技现代产业集团。在电力物联网建设过程中，许继集团积极开展技术创新和业务发展布局，在输电、变电、配电、用电、电动汽车充换电、储能、"三站合一"及电力设备物料标识等方面均可提供电力物联网相关设备和技术服务，并在试点建设中取得了一定成效。此外，许继集团成立电力物联网领导小组和工作组，开展专项研究，在综合用能、电动汽车充换电、储能、新能源、装备智能制造等10个领域，具备全系列物联网智能设备制造能力。寻求战略合作伙伴，与华为建立战略合作关系，与联研院、腾讯等积极洽谈合作。已完成国家智能电表智能制造专项项目，正在推进预装式变电站等智能制造项目❸。公司作为国内领先的电网信息与智能化综合解决方案服务提供商，未来有望充分受益电力物联网感知层建设及应用场景的落地展开。

金智科技是智慧能源和智慧城市领军企业，专注于自动化与信息化。从架构上来看，公司变电站综合自动化、配电自动化、线路监测、巡检机器人、信息通信基础设施等相关产品及业务都属于电力物联网感知层和网络层的重要范畴，有望迎来发展新机遇。此外，公司还在积极布局泛在电力物联网应用场景，

❶　王雪青. 国电南瑞：建设泛在电力物联网开启产业发展新起点［N］. 上海证券报，2019-04-30（005）.

❷　汪艳萍. 电力二次设备制造企业竞争力评价研究［D］. 天津大学，2007.

❸　邓卫. 推动装备制造产业升级支撑泛在电力物联网建设［N］. 国家电网报，2019-03-28（003）.

先后与国网江苏综合能源服务公司和大全集团展开合作共同拓展电力物联网综合能源服务应用。根据国网能研院研究，从综合能源服务基础业务和终端能源需求两方面测算，2020 年我国综合能源服务市场潜力规模可达 5000 亿～6000 亿元❶。此外，泛在电力物联网构建全面感知能力，智能终端招标量有望快速上升。公司新一代智能终端成功研制，为全面参与泛在电力物联网建设奠定了技术与产品储备的坚实基础。

3.4.3 相关软件企业、传感监测类及相关应用类企业

2019 年作为泛在电力物联网行业开启元年，相关专家预测，该行业增速三年年化将达到 50％以上，相关公司订单将从今年开始出现年化 50％～100％的增速。泛在电力物联网包含感知层、网络层、平台层、应用层 4 层结构。其中感知层是泛在电力物联网投资的主战场，主要涉及电力二次设备涉及的各类终端，如互感器、检测传感设备等。据智能输配电设备产业技术创新战略联盟数据显示，建成后的泛在电力物联网预计在 2030 年将接入超 20 亿终端设备，或将推动千亿级电力信息化建设需求。相关软件企业、传感监测类及相关应用类企业（主要包括炬华科技、红相股份、远光软件等企业）的智能终端产品高度契合了国家电网公司基础能力支撑需求。可以预见，随着国家电网公司对电力物联网的加速布局，相关企业在智能电力设备上的战略布局、智能研发水平、生产制造能力将为其开拓千亿电力信息化建设蓝海，助力搭建电力物联网创造良好的条件，有望以泛在电力物联网"感知层"智能制造产品为基石，充分发挥在"网络层、应用层、平台层"领域的资源优势，深度参与搭建电网神经网络，助力构建新一代电力智能平台。

3.4.4 金融机构

泛在电力物联网的建设也可以与金融机构进行合作，拓展电力大数据在金融领域的应用场景，实现智能电力大数据产品的商业化运营，创造"电力大数据与金融大服务"系统性互融互享互惠新路径，打造数字信用变金融资产的新样本，推动构建开放共建、合作共治、互利共赢的能源互联网产业生态。

国网吉林省电力有限公司与吉林省地方金融监督管理局、工商银行、农业银行、建设银行、邮储银行等吉林省主要商业银行签署"智能电力大数据＋金融——助力吉林振兴发展"战略合作协议❷就是一个很好的例子。双方将聚合电

❶ 邓永康.新一代智能终端研制成功即将发力泛在电力物联网建设［EB/OL］.（2019-05-30）.http://stock.eastmoney.com/a/201905301138106618.html.
❷ 中国电力新闻网.吉林电力推出"智能电力大数据＋金融"模式［EB/OL］.（2019-05-10）.http://www.cpnn.com.cn/zdyw/201905/t20190510_1132817.html.

力大数据资源和银行金融服务资源，推动金融机构对用电诚信企业、生产经营正常企业加大支持额度、简化授信流程、优化金融服务，形成"数据产品-银行授信-金融创新-企业发展-诚信电力"的良性循环。签约仪式上，国网吉林电力公司负责人介绍了智能电力大数据服务产品在金融领域的六大应用场景：①向金融机构提供客户状态评价，将融资客户用电档案、用电量趋势、电费缴纳情况开展大数据分析服务，对客户运营状态进行量化。②向金融机构提供潜力贷款客户挖掘推送服务。③向金融机构提供存量贷款客户监控和风险预警服务。④向金融机构提供金融热点服务区域分析服务。⑤协助吉林省地方金融监督管理局共同建立"能源企业白名单"，为诚信用电企业提供路演平台和融资专项对接服务。⑥形成共建共治共赢的能源互联网生态圈，向贷款客户提供定制化用电服务及数据服务，带动上下游产业共同发展。拓展电力数据在金融领域的应用场景，促进数字资源和金融资本加速融合，必将为全行业发展创造更大机遇和空间，必将有利于构建开放共建、合作共治、互利共赢的产业生态。

3.5 关键资源能力

3.5.1 数据信息资源

在电力物联网系统中，数据的采集是一项非常重要的基础工作。它主要是准确获取电网中的不同节点处的分布式识读器所采集到的数据，并根据业务的需要向信息处理层传递所需要的数据。国家电网公司掌握着大量的电力数据及相关客户数据、设备数据。并且企业近年来建立起的大数据平台，在提高电力负荷特性分类精度、用户用电行为细分处理、制定营销策略等方面，提供了巨大数据支撑，是未来业务发展的核心竞争资源❶。

近年来国家电网公司的信息化水平不断提升，目前国网系统接入的终端设备超过5亿只（其中4.7亿只电表，各类保护、采集、控制设备几千万台），规划到2030年，接入SG-eIoT系统的设备数量将达到20亿，整个电力物联网将是接入设备最大的物联网生态圈。经过D5000、调控云等系统改造和升级，国调中心在电网观测、控制水平方面已取得突出成果，输电网基本做到可观、可控、能控、在控；各地配电自动化系统建设也在推进当中，规划到2020年完成全网95%的配电自动化覆盖率，各种在线监测、智能预警系统比比皆是；基于

---

❶ 黄建平，俞静，陈梦，赵伟博，王思羽. 新电改背景下电网企业综合能源服务商业模式研究[J]. 电力与能源，2018，39（03）：344-346，399.

PMS2.0系统，主要设备的全生命周期管理在近两年内也能基本完成；通信网络建设如火如荼，无线专网、保护专网陆续使用；国网智慧车联网平台目前已连接全社会80％的公共充电桩及4万多辆电动汽车。

3.5.2　财务资本资源

国家电网公司作为世界500强企业的中国代表，电网企业资产规模庞大，有雄厚的资金实力和融资能力，可以保证顺利实施一般公司无法完成的资金密集型项目。在推进电力物联网建设过程中，一方面国家电网公司可以利用本身雄厚的资本进行规划建设，另一方面也可以凭借公司实力和项目良好的发展前景广泛吸引社会上的资金投入。

3.5.3　人才资源

国家电网公司拥有庞大的电网专业人员团队，每年都有大批国内外知名高校的博士、硕士研究生进入国家电网公司工作。电网企业的技术人才拥有深厚技术积累和丰富专业经验，而且企业拥有专业的输配电技术和设备，先进的节能和储能技术，能为客户提供专业化、系统化的用电用能服务。此外，多年来电网企业积极推行需求侧管理工作，培养了一批由客户经理、配电规划人员、工程项目经理、综合能源服务人员组成的专业化服务团队，能够全方位地提供优质服务。

另外，国家电网公司积极与高校开展产学研合作，高等院校可以加大对电力物联网建设过程中的重点难点问题展开深入研究，同时国家电网公司可以迅速对新的研究成果落地实施。从而形成良好的产学研合作模式，充分利用高校的人才资源。

3.5.4　技术资源

泛在电力物联网包含了从感知、通信、信息处理到决策控制诸多关键技术。按照感知层、网络层、平台层与应用层的体系结构，对泛在电力物联网关键技术进行分析[1]。在感知层上，对海量智能终端的有效监测与控制是实现电力系统精细化调控的前提，这要求未来电力物联网能够实现对电力系统的全覆盖。对于配用电双方而言，为实现降本增效与互联共享，未来泛在电力物联网中传感设备必须朝向高度集成化方向发展[2]。在网络层中，健壮、可靠的通信信道是保

---

[1]　张亚健，杨挺，孟广雨. 泛在电力物联网在智能配电系统应用综述及展望［J］. 电力建设，2019，40（06）：1-12.

[2]　荆孟春，王继业，程志华，等. 电力物联网传感器信息模型研究与应用［J］. 电网技术，2014，38（2）：532-537.

障电力联网全面感知大数据汇聚和控制指令准确下发的关键。"有线＋无线"互补的模式将是未来泛在电力物联网网络层通信模式的发展方向。此外，为防止网络攻击风险，泛在电力物联网还应具备安全防御功能。对平台层来说，电网海量状态信息、用户侧用能数据，以及其他关联数据具有多源性、格式多样性、信息冗余度高、数据量大、隐含信息价值高但不直观的特性。只有对电力系统中的海量高维数据进行数据聚合、有效管理与信息挖掘，才能获取更多的数据内在价值。最后，对于应用层，高比例间歇性分布式能源与电动汽车等新型负荷的接入将为电力系统带来谐波注入、潮流双向流动、频率/电压波动加剧等问题，传统电网由于感知不全面，信息化、自动化程度较低，往往采取弃风、弃光或增加备用容量等措施，导致弹性承受力不强、新能源利用率不高、投资成本过大等问题。泛在电力物联网技术的应用使电网全面感知运行状态、精细化调控，以及用户侧和其他能源系统参与配网协调运行成为可能。

3.5.5 用户资源

众所周知，社会上所有的用电主体几乎都是电力物联网的潜在用户，因此电网公司拥有其他公司不可比拟的用户资源优势。但是在推进电力物联网建设的过程中，电网公司一定要树立用户至上的服务意识，提高用户的用户黏性和获得感。电力用户在关注用电成本的同时，也会注重电力供应的安全稳定，而且不同用户的业务需求不同，这就对电网企业提出了安全化、差异化服务的要求。电网企业应针对不同客户进行消费习惯和用能需求细分，提供针对性的消费套餐和服务。

3.6 盈 利 模 式

2018年，国家电网公司利润总额遭遇近五年来首降，为780.1亿元，比上年下降约1/7。其净资产收益率则由2014年的5.18%持续降低到2018年的3.36%。2018年，一般工商业平均电价下降10%，严重压缩国家电网公司的利润空间❶。2019年全国两会，政府工作报告宣布一般工商业平均电价再降10%。新一轮电力体制改革确立了"放开两头、管住中间"的改革思路，中游垄断业务的公用事业属性将增强。按照国家电网公司官方说法，其输电业务存在被"管道化"的风险。如果盈利模式仅限于收取"过网费"，这一板块的未来想象

❶ 粟灵. 泛在电力物联网火了，"前任"特高压怎么办？[J]. 新能源经贸观察，2019（Z1）：51-53.

空间恐怕不容乐观。所以国家电网公司应该改变传统的单一的盈利模式,实现公司的可持续发展。

泛在电力物联网的范畴之广,不仅仅包括传统意义上的能源管理、能效服务,同时还延伸至综合能源系统的规划设计、投资运营和投融资等金融领域;不仅涉及电热气冷等多元化能源供应和多样化增值服务模式,同时还涵盖微电网、储能、虚拟电厂、电动汽车等新型业务场景和新兴商业模式的布局。随着"大云物移智链"等信息技术的发展,电力物联网不但可以有效支撑能源高效互联及用户侧的友好互动,同时也为海量的数据资产支撑多样化的增值服务提供可能,智能化平台的搭建则更好地弥合供给与需求的鸿沟,服务于技术与市场的对接。

基于电力物联网的特点,并结合"大云物移智链"等多种新兴技术的发展,可以考虑三种主要的盈利模式,但在不同情况下又可以将不同种类的模式进行组合,发展出符合自身经营需求的模式,以下分别以交易管理、数据管理、技术管理为核心的盈利模式进行论述❶。

3.6.1 以交易管理为核心的盈利模式

1. 电力交易平台

构建电力交易平台可以实现不同交易主体、交易类型、交易量的在线运作管理,包括发售电公司间的 B2B 交易、售电公司开展零售的 B2C 交易、用户间能源共享的 C2C 交易等,甚至可以在平台上对电力能量的交换和配对进行撮合,提供"交易+"服务。而构建交易平台的售电公司可依此收取相应管理费和交易结算服务费用,使得能量流、信息流、资产流互通,大大节约成本。伴随着电力交易的深入发展,其衍生业务也可以在交易平台上体现,比如碳排放交易、环保容量交易、可再生绿色证书交易等,进而衍生出电力租赁、电力投融资、电力保险等多种形式的金融衍生品,如果能够和售电业务融合起来,由此将会给国家电网公司带来更大的市场空间。

2. 围绕交易的增值服务

一是价格套餐。作为电力用户来说最先考虑和关心的是能否买到便宜的电力,用户选择与哪一家售电公司开展交易的决定因素在很大程度上是销售的电价是否便宜合理。所以在今后电力交易平台上,一定会出现针对用户不同消费习惯制定的多种售电方案和价格套餐,如保低电价、均一电价、封顶电价等售

---

❶ 刘溥. 基于能源互联网思维的 E 售电公司经营模式研究 [D]. 广西大学,2017.

电方案，就像通信公司的手机资费套餐一样，方便用户自主选择，同时吸引更多用户量。国家电网公司可以依据不同用户的需求来制定不同的售电套餐方案和价格模型，围绕交易价格做文章，制定让用户满意的科学合理的价格方案。

二是交易咨询。电力交易市场将涵盖期货市场和现货市场，电力期货交易是中远期合约交易，供需双方基于自身未来的供需能力并在市场上发布一定时段内的指标量，这些在未来一段时间内电力的供应和消费规模、质量、范围、价格等就构成了期货交易的指标要素。电力现货交易是实时交易，覆盖面更广、匹配难度更大、输送成本计算更复杂，此时如果一个新进入售电市场的用户完全是措手不及的，如果是自己花时间研究，投入的精力是巨大的，所以这种情况下国家电网公司可以适时提供有关交易咨询服务。根据交易基本需求，为用户提供需求分析、负荷预测、电力购售合同管理等，有效指导用户买到适合自己的套餐，同时还能保证电力系统的经济安全调度。

3. 电力金融衍生品交易

电力交易虽然是个同质化的产品，但因电力发输配用时的一些特征，存在负荷难预测的情况。国外一些较为成熟的电力市场，为了对电力市场风险进行较好的管控，以保证稳定运行，均开辟出相应的电力金融衍生品交易，包括差价合约、远期合约、电力期货、电力期权等。随着国内电力市场化改革的不断推进，电力金融衍生品交易市场一定是一个必然的发展方向。电网可以依托自身电力行业专业知识的累积，拓展电力金融衍生品交易业务，在有效对冲电力价格波动风险的基础上，满足用户的相关电力金融服务的需求。

3.6.2 以数据管理为核心的盈利模式

在进入能源互联网时代后，电网必然掌握着大量包括发电侧和用电侧交易过程中产生的电力大数据，如果通过互联网将这些电力能源大数据充分利用起来，结合能源云端计算等技术，可以提前对用户消费需求进行有效的分析预测，进而结合需求开展针对性的增值服务。

1. 大数据增值服务

时刻产生的电力数据如果只是白白地躺在系统中未免十分可惜，如果电网能够做好电力大数据的收集、整理、分析、反馈，利用大数据便可带来更多创新的服务形式和内容。对于普通用户个人而言，他们更关心自己的用电量，此时结合大数据可以帮助用户了解其用能行为习惯，分析判断其能效管理是否科学，可以纳入能效信用评级系统，对高效的用户予以奖励，对评级较低的用户提供更加合理的用能指导方案，督促用户及时调整用电习惯，以有效降低用户用电成本，节约资源。国家电网公司较之用户来说，更容易收集整合这些电力大数据，当掌握的用户数据逐渐增多，可以了解到一个群体、一个区域的用能趋势情况，如果加以利用这些累积的数据做相应的用能趋势分析，可以为政府机关、企事业单位、能源规划机构、公共服务单位、行业协会组织等提供行业宏观分析咨询服务。

2. 大数据平台构建

在当今网络技术飞速发展的时代，只有高效利用各个网络平台甚至构建大数据响应平台，才能真正深入市场，对客户需求有深刻的了解，才能更好地与客户达成有效交流。除了电力交易平台外，今后构建综合电力能源交互平台将是一大趋势，国家电网公司可以从包括发用电信息平台、能耗监测平台、网络能源服务平台、电力网络社交平台等方面入手构建基于电力大数据的网络平台。

一是发用电信息平台。建立用户电子档案，收集、统计平台数据，一方面方便用户在发用电信息平台上实时查看自己的用电情况、每月电力消费账单等内容，据此精确选择适合自身的用电套餐；另一方面售电公司可以帮助用户分析电力市场报价和评估购电成本，了解用户使用情况，给出有针对性的解决方案，实现不同用户的成本最小化，以达到通过节能降耗和降低企业运行成本的目的。

二是能耗监测平台。通过智能电表自动采集能耗数据，实时监测并进行分析统计，可自动生成报告，以有效提升能耗管理效率。比如能够检测一个时间段内的照明、冰箱、空调、插座等各类用电设备的用电量。提供能耗统计分析、趋势耗用分析、节能评估建议、超载预判报警、能效横向对标等自选专业服务。

三是网络能源服务平台。售电公司在该平台上可以进行全方位的售电营销，向用户提供 24 小时在线客户服务，及时了解用户需求并主动提供适宜的产品服务，足不出户即可了解政策信息，提供一键故障报修、一键缴费充值等功能，实现在线业务办理，让服务更加细致便捷。

四是电力网络社交平台。可与同区域、同小区、同邻里之间比较用能情况，奖励节能用户绿色用能积分，以积分抵消部分电费，推进节能的同时提升用户体验效能。在用户管理平台进行电子分类管理，可获得用户用能曲线，实时采集用户使用消费数据，可进行负荷预测管理，在购售合同上可以实现在线定制、审批。平台可以初步实现对电力市场进行价格预测，有效控制了交易风险。

3. 打造电力能源数据生态系统

售电侧作为电力流转中的关键一环，合理利用从中产生的电力大数据被认为具备很大的应用前景和价值，打造电力大数据能源生态十分有利可图。国家电网公司可以在能源数据生态系统中打造用户管理数据库，对用户消费使用情况进行智能分析，目前市场中已经有类似的公司开始提供这种专项服务。国家电网公司本身具有大量发电资源，一方面通过建立企业级大数据平台，可以实现数据的采集、传输、存储及高效计算处理，有利于提高分析决策的智能化水平，另一方面通过建立多种能源分析模型，从而可以提前做好甚至优化调度安排，也可以消纳更多太阳能、风电等清洁能源，这些都为售电公司围绕数据互联生态切入新的经营模式提供了前提条件。

智能手机和移动支付的普及也为电力系统应用的开发奠定了基础。据中国互联网发展状况统计报告数据显示，截至 2018 年底中国网民数量已达 8.29 亿，手机网民规模达 8.17 亿，手机支付用户接近 5.27 亿。所以针对在线电力交易信息查询和服务平台等数据管理，可以适时开发推出手机及平板电脑的移动应用版 App，方便用户管理电力账户，实时查询电力交易信息和市场的变化情况。当然与之相关的其他行业信息、发展动态和对应的分析报告也能够轻松通过App 实时查询。围绕数据管理，可以构建起电力数据、应用和产品生态系统。

3.6.3　以技术管理为核心的盈利模式

人类步入互联网时代，技术更新迭代速度飞快，传统电力行业在能源互联网下同样如此，储能技术、分布式能源、微电网、智能电网等新名词快速地进入人们视线。作为传统电网公司不应摒弃原有技术经验的支撑，可以很好地与售电相结合带来新的经营管理模式。

1. 新能源接入，发展绿色售电

在能源互联网的物理基础层，比如在传统电网中，新能源发电和消费端的使用很大程度上是不可预测的，但随着能源互联网的构建和发展能够有效帮助风能、太阳能等可再生能源的接入和消纳。能源互联网可以将绿色可再生能源利用率大幅提高，让发电负荷随着用电负荷的变化更加科学高效。能源互联网下的电力系统将支持电力的互联共享交易，未来将是一个多方参与互动，各个参与主体既是能源提供者，又是消费者的生态化能源体系。国家电网公司为电力用户提出节能改造方案，当电力用户安装有新能源发电设备时，如屋顶光伏等分布式发电设备，角色已经不仅是一个能源消费者，他们更是能源提供者，可以提供多余电量上网销售，此时售电公司可以为其代理售电。国家电网公司具备光伏发电等新能源发电技术能力，完全可以为用户从购入、安装、使用新能源设备起，到用能方式、利用效率等全流程进行承包式管理，为用户提供维

67

护检修更新和其他相关技术支持服务，形成能源托管模式。整合清洁能源电力用户，实现绿色电力共享，使得售电公司可以成为绿色新能源综合服务商。

2. 能量高效转化，探索智能领域

随着技术的进步，能源互联网可以促进能量的高效传递、转化、共享，在相关智能领域也将发挥巨大作用，方便了诸如分布式能源、电动汽车、智能家居等设备的便捷接入，较大程度地促进了能源生产、使用效率，减少了传统模式的浪费。今后电网公司可以结合售电侧和需求侧双向互动提升服务能力，针对智能用电小区、智能楼宇、智能家居构筑全链条智能用电体系。同时大力推动新能源汽车应用和绿色交通行动计划，这些有利机遇可以促进具备技术优势的电网公司开展为电力用户提供智能家居控制、远程调控电器、电动车充电监控、充电桩智能搜寻等服务。利用电力物联网，国家电网公司可以打造出为各类能源转化利用和高效配置的平台。

3.7 运营管理

电力物联网的运营管理是指在电力物联网建成运营后以什么样的模式进行管理和运营。电力物联网业务运营模式是其价值的实现模式。在物联网产业链中，一端输入的是运营资源，一端输出的是物联网价值，中间实现这种转换的就是业务运营。成功的业务运营能使物联网产业运行的内外各要素整合起来，形成高效的具有独特核心竞争力的运行体系，并通过提供产品和服务，达到持续赢利的目的。业务运营是物联网产业创造价值的基本模式❶。

物联网业务运营的首要任务是盈利，业务运营的指导思想是囊括产业链中的所有参与者，共同寻找盈利点，实现多方共赢的目的。根据物联网产业链的构成和国内外物联网业务运营的经验，物联网业务运营模式的构成，如图3-1所示❷，物联网业务运营模式包含五大模块的参与者，以及参与者在物联网产业生态环境中的位置及其相互关系。五大模块分别为核心参与者模块、产业上游者模块、产业下游者模块、产学研模块和消费者模块。五大模块构成一个辩证统一的运营系统，这一运营系统体现持续赢利、客户价值最大化、资源整合的三大原则，与物联网产业链相吻合，符合物联网实际业务运作情况，符合物联网产业发展的特色。

❶ 郑淑蓉，吕庆华. 物联网产业商业模式的本质与分析框架 [J]. 商业经济与管理，2012 (12)：5-15.
❷ 范鹏飞，焦裕乘，黄卫东. 物联网业务形态研究 [J]. 中国软科学，2011 (06)：57-64.

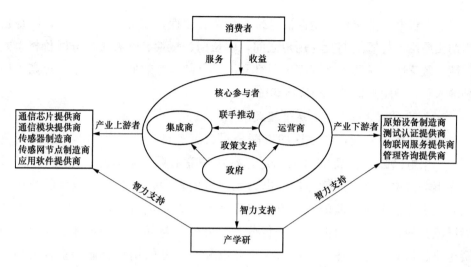

图 3-1　物联网业务运营模式构成

通过对电网公司基于电力物联网思维商业模式的探讨，结合物联网的业务运营模式，本节从电力产品、价格制定、营销工作、用户服务、技术保障等方面提出实现电网公司相应运营管理模式的一些策略建议❶。

3.7.1　市场导向策略

1. 形成完善成熟的网络售电产品组合

首先对于售电公司来说，其主要任务是开展电力产品的销售，电力作为一种商品有着其无形无差的特殊性，那么对于售电公司来说，在同质化商品的情况下除了保证售电量充足售卖外，需要对电力产品作延伸，对售电产品打包组合，挖掘产品组合价值，积极响应用户侧需求。可以制定诸如针对不同时间段的峰谷平的电力产品组合，搭配新能源的绿色电力产品组合，发电与售电打包一体的电力产品组合，不仅满足了售电公司发电负荷的需求和用户出口，还能满足电力用户的不同使用需求，以使其迅速扩大，占有一定售电市场份额。更多样的网络售电产品组合供选择，就能吸引更多客户流量，满足不同客户的个性需求。

2. 制定科学且富有竞争力的价格策略

市场竞争下价格战在所难免，但无条件、无休止地打低价格战不但容易造成两败俱伤的局面，也扰乱了市场的正常秩序，所以电网公司在有卖电竞价权的基础上，应根据发电工况、丰枯水期、用电负荷等情况科学制定售电竞争价

---

❶　刘溥. 基于能源互联网思维的 E 售电公司经营模式研究 [D]. 广西大学，2017.

格，引入售电竞价交易模型保证竞价的科学有效性。在价格策略方面，围绕长周期交易用户与短周期交易用户之间，中长期、短期、峰谷平、分时价格，差异性、敏感性、联动性电价等多种组合，制定科学有效的价格方案，提高价格预测水平，为用户提供多种价格套餐。

3. 探索代理运营和合资运营模式

随着业务的开展，各地区的电网公司会有各自不同的代理客户和经营范围，单个电网公司具备的区域和用户资源毕竟有限，如果想扩展经营范围，提高市场占比，可以探索与拥有电力用户售电资源、售电实力强大的公司或拥有提供增值服务经验的第三方以代理运营的方式进行合作，双方可以按照最终成交的电量所获得的利润进行分配。另外可与其他投资主体，如地方国资企业、设备制造企业、工业园区企业以及前景好的用户企业等多种类型企业共同组建合资售电公司，多方优势互补，科学布局业务范围，巩固扩大市场份额。

3.7.2 营销管理策略

1. 搭建坚强有力的销售渠道

售电公司在电力批发市场上，有部分原来直供电交易的用户，在稳定这部分用户资源的基础上，在更大的电力零售市场中，为了和其他售电公司竞争用户，搭建坚强有力的销售渠道便显得尤为重要。首先能够预见的是，售电公司因在当地已具备一定的发电资产，加强协调沟通，可以依托在发电资产所在当地的政治和地缘优势巩固市场份额，优化区域营销资源配置，整合营销力量。其次围绕拓展销售渠道为目的，与其他电力大用户、电网企业、能源公司等主体洽谈合作，借助他方优势渠道进一步拓展客户资源。

2. 提高多元化营销服务质量

为了能够给电力用户提供更优质的营销服务，助力客户买到优质便宜的电力，电网公司首先应该建立完善自身的市场营销管理制度体系，从制度、组织上确保营销工作落到实处，在对用户提供营销服务的过程中实行市场营销工作定期报告、交流、培训常态管理机制，不断促进服务质量的提升。其次应该加强对售电政策的把握力度，深入研究分析区域电力营销的工作形势，全面掌握区域市场运营规则、交易规则，及时解决营销中出现的重大问题。最后在多元化的线上线下销售服务中都应秉承客户第一的原则，尤其在网络销售平台上可以方便建立用户档案，分级维护，针对每一位用户都可以研究制定专门的营销策略，不仅锁定客户资源，还能有效提高用户满意度。

3.7.3　用户至上策略

1. 挖掘用户潜在需求，提高需求侧响应能力

国家电网公司长期以来是围绕电力生产的安全运营作为自己的核心工作来抓，但市场一放开，要推进营销转型，除了电力发配售这条主线外，缺乏对用户侧服务的管理经验。除了转变旧有理念以外，应该学会如何深度挖掘用户的用电需求，对用户需求建立反应机制，及时提供差异化服务，从而能够第一时间满足用户多样化和定制化的需求。电网公司应着手采集电力大数据，建立基于不同行业、不同地区、不同用电类型的用户用电数据库，依托数据资源分析情况对电力用户进行多层面分类，从中发掘电力用户消费使用情况。从大数据上预测其潜在需求，不断走在用户前面，提供相适宜的服务，以用户满意为根本目的，从而带动服务增值、利润增值、消费增值。

2. 提供多样化的互联网增值服务

销售电力是基本的业务，除了优惠的电价能够吸引用户外，能否提供更多增值服务是电网公司在新体制下需要着力进行研究的。从目前来看，不管是业内还是电力用户，都希望售电公司可以开展形式多样的客户增值服务，而通过电力物联网可以创新多种增值服务方式，使得实现这一目标成为可能。电网公司可以从传统的发电运营管理转向能效全面提升服务管理，提供在线电力交易合同管理、在线能源咨询及培训服务管理、电力金融保险等多样化的衍生服务管理内容。这种经营思路的转变，使得在利用自身发电资产，在硬件上依托新能源、储能、配电网等，围绕互联网提供售电增值服务变为可能，并能满足用户的多元化需求。

3. 科学利用大数据，做好用户建档分类

电网公司应该充分利用各方资源，加强走访，对所属区域的企业和园区进行深入、全面地调查分析，尤其是对各用户用电量、用电容量、用电高峰期等重要数据应了解翔实，完善各用户的资料档案，可以分别建立 VIP 用户（A 类用户）、主要用户（B 类用户）、普通用户（C 类用户）以及小客户（D 类用户）四级用户电子档案，通过对用户信息资源的研究，针对不同的用户群体制定不同的营销策略，增加电能供应量和公司效益。通过用户信息资料分析以及用户经营状况跟踪，可以预测负荷发展趋势和用户用电需求量，以此指导用户更有效和低成本地使用电力，如削峰填谷、安排负荷高峰或限电期生产设备检修等，从而改变一些不良的用电方式。在基本电力跟踪外，应深入了解各用户电、冷、热、汽产品的需求，做好相关数据统计分析，整合电、冷、热、气、水等能源

资源，便于电网公司及早规划电力项目建设，提高企业运营效率。

3.7.4 技术保障策略

1. 提高能源利用效率和安全可靠性

电力物联网本身是以物联网技术为核心，依托配电网接入大规模的分布式可再生能源，实现信息技术与能源设施互通融合。电网公司本身就在大力开发建设可再生能源电站，所以可以考虑利用这方面的经验为今后类似接入光伏分布式的工商企业和普通家庭用户提供专业化、全方位、全过程的贴身用电保障技术指导服务，在提高对方用能效率的情况下还能发展用户资源，可谓一举两得。针对今后如工业园区的大工业电力用户所拥有的电力设备资产和配电资产，同样可以考虑为他们提供相应技术运维支持工作。将电力设备运行状态接入网上在线监测系统，及时发现运行中各类安全问题并予以解决；快速响应缺陷故障报警，跟进处理进程；优化在线运行状态，调整电力设备运行参数，帮助用户节能降耗。对用户各类电力设备、线路、配电网定期巡检，打造依托技术能力为电力用户提供安全运维和能效增值的附加售电优势。

2. 发展新能源助力清洁能源消纳

国家正在大力推行"互联网＋"智慧能源建设，对清洁能源并网接入和储能等相关技术重点攻关，以提升电网系统调节水平，增加新能源消纳能力。目前电网公司具备光伏、风力等新能源发电运维能力，今后在国家有关政策支持下，可以考虑在新能源互联网产业中发挥优势特长，创新经营模式，甚至外延到电动汽车、插电式交通、智能家居等产业，实现绿色转型，助力清洁能源发展。

4 电力物联网的市场潜力分析

4.1 市 场 主 体 分 析

建设泛在电力物联网是国家电网推进"三型两网"建设的重要内容和关键环节，被业界称为"一场颠覆性变革"。电力物联网具有传统能源生产消费的技术和运营属性，也融合了新的商业模式和业态，所以市场主体也会有所不同。

4.1.1 服务商或运营商与用户

1. 能源公司

能源公司主要包括发电企业、输配电企业、售电公司和储能企业等。这些企业主要是重资产企业，规模相对较大，以大型国企为主，具有较强的实力，一定程度上具备资质、技术、资本、客户、线下服务能力等资源，可能主导或者参与电力物联网建设[1]。

2. 技术公司

技术公司主要包括传感设备生产商、硬件提供商、软件提供商、应用开发商等。传感设备生产商是指 RFID 射频识别、传感器、智能芯片等产品的生产厂家。主要的生产产品类型包括芯片、芯片识读设备，摄像头、温度、湿度、浓度等传感器，智能嵌入式控制芯片、通信网络模块、终端等。这一部分的企业往往不为用户所熟知，但其技术水平却决定了整个行业发展的高度[2]。硬件提供商是指提供诸如交换机、路由器、网络服务器、存储设备、网络设备等硬件的提供商，典型的代表有惠普、思科、西门子、华为、中兴等公司。软件提供商是指在电力物联网产业中为应用提供相关服务软件的企业，同样可以纳入这一

---

❶ 封红丽. 电力及其他相关企业向综合能源服务转型研究 ［EB/OL］. （2018-03-26）. http：// shoudian. bjx. com. cn/news/20180326/887626-2. shtml.

❷ 郑欣. 物联网商业模式发展研究 ［D］. 北京邮电大学，2011.

范围的还包括智能移动终端的智能操作系统提供商。

3. 服务公司

服务公司主要包括综合能源服务提供商、管理咨询公司、金融机构等。综合能源服务提供商是电力物联网面向用户的服务内容的直接提供者，基于网络或者通过各类终端和平台提供服务，它们针对客户的需求能提出问题、分析问题和解决问题，并能提供客户化的全套解决方案的提供者，这种解决方案可以是基于硬件的，也可以是基于软件应用的，可以是单一企业也可以是多个企业的联合。管理咨询公司是另一类的服务提供商，主要向电力物联网产业相关企业提供战略、管理、市场和应用等方面的咨询服务。未来，配套金融服务将成为电网企业的创新性服务。一方面，金融机构为电网企业提供资金和技术支持，以及管理和资本运作上的支持和经验；另一方面，电网企业把客户信用等数据进行处理后与金融机构共享，帮助金融机构测评用户信用，做出投资决策。

4.1.2 非营利性主体

1. 科研院所、高校、相关行业标准制定机构

科研院所、大学主要承担研发和试点工作，相关行业标准制定机构，如国家标准化委员会等，负责制定有利于该行业发展的规则和技术标准的制定。该类主体主要以非营利性为主，负责相关技术标准和应用方案的研发和推广工作，同时也需要承担人才培养的工作。它们应该以电力物联网建设需求为导向，充分发挥专业门类齐全、综合研发能力突出、业务支撑服务面广、高端人才密集的优势，以技术研究院为平台，联合多方技术力量，围绕广泛互联、安全可控、开放共享三大技术特征，从感知层、网络层、平台层、应用层、业态模式、安全防御六个方面，开展泛在电力物联网前沿技术及关键共性技术攻关❶。在感知层研究方面，以全寿命周期数字化电网为基础，研究数据采集新方法，实现电力设备智能感知、电力资产在线物联。在网络层研究方面，构建空天地协同一体化通信网，推进通信系统整合、打通数据传输通道。在平台层研究方面，搭建全环节能源互联网仿真环境，优化数据管理，为多系统协调高效运行提供基础支撑。在应用层研究方面，以客户为中心，汇聚优势能源产品和供应商资源，实现强化精益管理、培育新兴业务、创造转型价值。在业态模式创新方面，创新数据挖掘价值变现模式，重塑综合能源服务模式，提升电网多种能源吸纳能力和客户能源消费体验。在安全防御建设方面，研究构建面向物联网新型业务

---

❶ 郭剑波. 融通资源构建平台全力支撑泛在电力物联网建设 [N]. 国家电网报，2019-05-09 (003).

的分级安全管理体系，提高电力物联网安全防护能力。

2. 相关政策制定机构，政府监管部门

主要是与电力物联网产业发展相关的，并给予政策支持的相关政府机构，如国家发改委、工信部、各地政府、监督部门、工商局、社区管理机构等。电力物联网建设踏入的是一片先进能源技术与数字技术融合发展的"无人区"，在发展过程中会遇到各种各样的新情况、新问题、新挑战，需要相关部门为它的发展保驾护航。

4.2 市场价值分析

坚强智能电网与泛在电力物联网将融合发展成为能源互联网，成为能源电力全产业链能源交汇转换、业务开拓创新与价值创造分享的枢纽。国家电网将依托能源互联网，围绕产业链需求，在发输配售储等多个环节发起建设开放共享的多层次商业平台体系，形成智慧能源商业的网络协同效应，为能源电力产业链打造新的商业生态。

新的商业生态格局以多层次的商业平台为核心，以生态主体多样化、价值关系网络化、商业行为在线化、跨界合作多样化为突出特点，打破了传统的产业链条关系，以复杂的网络协同共同为用户提供产品和服务，共同创造价值并分享价值。在新的商业生态格局中，国家电网将树立用户导向、跨界融合、开放共享的新理念，依托源、网、荷、储等多环节的业务平台，联手社会资本和各类市场主体，为产业链上下游提供基于数据的综合服务和资源共享服务，赋能全产业链，以服务实现带动，共同开拓能源互联网业务蓝海❶。

4.2.1 电源端的市场价值

1. 服务新能源企业可持续发展

落实能源生产革命，服务新能源发电企业可持续发展，国家电网一方面继续建设运营好坚强智能电网，推进清洁能源的大范围优化配置，助推能源电力绿色低碳发展。另一方面，还要充分与社会各界加强合作，构建新能源大数据业务平台、光伏云平台等新商业基础设施，共同为能源生产企业、分布式光伏厂商和用户提供生产性服务和商业服务，助力新能源产业发展。例如，国家电网公司在青海建设了面向新能源发电企业的工业互联网平台，引入社会大数据

---

❶ 张园. 建设"三型两网"构建能源互联网商业新生态 [J]. 能源研究与利用，2019（03）：14-15，17.

科技团队，共同为太阳能和风力发电企业提供基于设备物联网的智能托管、功率预测、故障诊断等智能化服务，开展运维资源共享、备件联储服务等共享业务，帮助新能源发电企业降低运维成本、提高运行效率，促进清洁能源有序消纳。下一阶段，国家电网公司将继续完善服务平台建设，依托平台孕育更多新业态，携手全社会力量持续提升对新能源发电企业的服务能力。

2. 促进发电环节合理布局

在发电环节，目前存在电源结构和布局不合理，电网的调节手段和调峰能力不足等问题，发电机控制系统技术水平和国外相比有一定差距，储能技术应用研究也处在起步阶段❶。依托电力物联网建设和国家风电技术与检测研究中心、太阳能发电技术与检测研究中心等研究机构，可以加快新能源发电及其并网技术研究，规范新能源的并网接入和运行，实现新能源和电网的和谐发展。

例如，结合物联网技术，可以研究水库智能在线调度和风险分析的原理和方法，开发集实时监视、趋势预测、在线调度、风险分析为一体的水库智能调度系统。根据水库来水和蓄水情况及水电厂的运行状态，对水库未来的运行进行趋势预测，对水库异常情况下水库调度决策进行实时调整，并提供决策风险指标，规避水库运行可能存在的风险，提高水能利用率。还可以利用物联网的传感技术改造风力发电机，根据传感器拥有的测量系统和数据分析系统，对天气变化、风力大小级别进行数据分析，并根据相应的数据操作风力发电机，根据物联网的通信技术对风力发电机进行遥感监控，从而保证在风力发电过程中掌握电力资源的输出和风力发电机的运行情况，减少风力发电中能源和经济的支出，有效解决弃风限电的难题❷。

4.2.2 电网端的市场价值

1. 变电环节

在电力系统变电环节，电力物联网的建设有助于完成变电站的电压和电流的变换。物联网的智能化技术有利于变电站实现智能化模式。变电站可以自动完成对信息、数据的采集和对电压的变换测量和把控，减少人员支出。长期使用变电站，要求定时对其进行检测和维修。利用物联网的智能化技术和5G快速运行模式，可以根据当天的操作，实时更新变电站的检测结果，在检测的同时，将检测数据和结果传送至相关维修人员，以便其及时分析检测数据，并决定是否进行维修。物联网和5G的结合，提高了检测效率，明确了检测结果，有效保

---

❶ 汪洋，苏斌，赵宏波. 电力物联网的理念和发展趋势 [J]. 电信科学，2010, 26 (S3): 9-14.
❷ 王坤. 5G时代物联网技术在电力系统中的应用 [J]. 通信电源技术，2018, 35 (05): 187-188.

证了变电站的安全使用。此外，在检测地下电缆时，先运用物联网技术关联地下电缆，然后检测所有关联电缆，将检测结果第一时间输送到检测部门，由检测部门对相关结果进行分析。其中，绝缘状态和输送状态的数据检测分析尤为重要，直接影响电缆的使用。随着5G技术的成熟，相关专家建议，可以结合物联网和5G技术对变电站和地下电缆进行问题检测和预防，保障变电站的安全运行，进而保障整个变电系统的完整性和安全性[1]。

2. 输电环节

安全输电可以保证电力系统最大程度发挥作用。输电环节主要应用了物联网的智能传感器。它可以将输电线路遇到的问题和故障实时传送到监控部门。相关人员依据传送回来的数据进行绝缘、线路等方面的分析，发现问题并及时解决，从而优化和提升电力系统。智能传感器还可以结合无人机对输电线路进行巡检。无人机携带的高清拍摄机可以对故障线路进行拍摄，使相关人员及时掌握输电线路的故障。5G技术在很大程度上提高了照片的输送效率，可以及时将问题反映到检测部门。因此，可凭借物联网的智能传感器、5G技术和无人机的优势，保障输电线路的安全。

3. 配电环节

配电系统是整个电力系统中与用户直接联系的部分，需要充分发挥主动性。利用物联网技术，可以在配电系统将电力传送给用户的过程中，分析用户所需要的用电功率，在传送途中做出及时调整。整个配电系统中，要重视电能资源的配置和调节，保证电能的使用和储存不存在矛盾，并将物联网和5G相结合，评估风险，及时构建相应的问题解决框架，加强配电系统高效传送和抵抗风险的能力❶。

4. 推动能源电力装备制造企业转型升级

党的十九大报告指出，要"加快建设制造强国，加快发展先进制造业"，并将"推动制造业高质量发展"列为重点工作任务之首。我们国家的电力装备制造业经过十几年的发展，基本摆脱了"进口依赖"，并在特高压等领域实现了技术与标准领先。但总体上，电工装备的智能化水平、精益制造能力还有较大的提升空间。国家电网将部署建设电力输变电设备物联网，增强电力设备状态感知与数据获取能力，推动电工装备制造业智能化升级。国家电网正着手筹建电工装备（能效设备）的工业云网，依托长期积累的设备运行状态数据，与设备

---

❶ 鲁小华. 物联网的信息安全技术浅析 [J]. 建筑工程设计与技术，2015，（36）：230.

商开展深层次地数据合作，支持电力装备制造企业发展智能制造。

4.2.3 负荷端的市场价值

1. 赋能综合能源服务商

面向综合能源服务商，建设开放的综合能源服务平台，为产业链上下游企业和用户提供咨询设计、设备供应、施工安装、数据服务、运行维护、融资服务、保险服务以及碳交易等在内的一站式服务。为社会综合能源服务商提供平台技术服务，成为综合能源服务商的服务商，支持社会综合能源服务业务高质量发展。

2. 赋能能源消费者

面向能源消费者，建设智慧能源控制系统，支持楼宇、社区、工业企业、园区等用能设备广泛接入，提供托管运维和运营监测，降低建设运营成本。建设运营好智慧车联网平台，面向全社会提供充电设施接入服务和电动汽车充电数据产品服务，为社会中小充电运营商、充电设施生产企业提供充电设施平台服务，满足电动汽车产业链企业与用户需求。推广应用"网上国网"APP，形成业务融通、数据共享的统一网上服务平台，实现全业务线上办理、全天候"一站式"服务。还可以对低压电用户进行能量信息采集与远程监控、经济调度、供给侧管理，为医院、学校等高用电量场所提供电力应急供应与智能化电能调度❶。

4.2.4 储能端的市场价值

电力物联网的建设在储能端将促进储能产业健康有序发展。国家电网公司以"大平台＋微服务"互联网架构为基础，开发建设用户侧储能云平台。该平台将面向全社会提供全国统一的线上线下储能报装接入、储能设施运行监控、运营管理、运维检修、信息服务等全生命周期"一站式"服务，并拓展基于数据的增值服务。通过平台促进全社会储能资源整合利用，打造多方共赢的商业模式，促进储能产业健康有序发展。

4.3 供应侧市场潜力分析

4.3.1 能源供应市场潜力分析

截至 2018 年底，全国全口径发电装机容量 189967 万 kW、同比增长 6.5％。

---

❶ 周春雷. 面向智能电网的物联网技术及其应用［J］. 智能建筑与智慧城市, 2018（09）：69-70.

其中，水电发电装机容量 35226 万 kW、同比增长 2.5%；火电发电装机容量 114367 万 kW、同比增长 3.0%；核电发电装机容量 4466 万 kW、同比增长 24.7%；风电发电装机容量 18426 万 kW、同比增长 12.4%；太阳能发电装机容量 17463 万 kW、同比增长 33.9%❶。展望到 2030 年，电源装机总需求约 28 亿 kW 左右❷。未来电源发展要综合考虑开发潜力、开发成本、市场消纳、技术进步、环境社会影响等因素。

从资源禀赋和发展潜力来看，各类电源都具有较大发展空间，特别是非化石能源开发潜力相对较大。煤炭资源丰富，保有储量 1.38 万亿 t，按未来煤炭产量及可供用于发电用煤量来估算，可支撑装机 15 亿 kW 以上。通过积极进口补充，天然气用于发电的资源量可支撑气电装机 2 亿 kW 以上。水能、风能、太阳能资源丰富，其中常规水电技术可开发量约 6.6 亿 kW、待开发程度达 60%，据有关机构测算风电、太阳能理论可支撑装机均可达到 10 亿 kW 以上。通过国内开发、海外开发、国际贸易等多渠道并举，未来核电开发有较为充足的资源保障。

随着非化石能源的快速发展，"十三五"电源发展的清洁化、低碳化水平将明显提高，但总体发电成本、整体电价水平将呈现上升趋势。随着清洁高效煤电技术的推广应用，煤电工程造价将保持稳中有升，考虑碳税等外部成本内部化后发电成本将有所提高。气电国产化有利于工程造价降低，但用气价格上升将提高发电成本。后续水电大多远离负荷中心，要妥善处理好生态保护、库区移民、国际关系等问题，工程造价、发电成本、送出成本将显著提高。随着核电安全标准的不断提高，核电工程造价总体上保持上升趋势。随着可再生能源发电的规模化发展和装备技术的成熟，工程造价将会降低，但由于风电、太阳能发电具有随机性和波动性，需要通过加强系统调峰储能能力建设、健全辅助服务市场机制等手段来促进系统安全、稳定、经济运行。

按照"优先利用非化石能源发电、按需发展化石能源发电"的总体原则，要积极发展水电，安全发展核电，大力发展可再生能源发电，优化发展气电，清洁高效发展煤电。初步测算，到 2020 年，非化石能源和化石能源发电装机比约为 4∶6，非化石能源发电装机比重较 2014 年提高约 6 个百分点。其中，水电

---

❶ 智研咨询. 2019-2025 年中国电力产业市场专项调研及投资前景分析报告 [EB/OL]. (2019-01-29). http://www.chyxx.com/industry/201901/710861.html.

❷ 中国投资咨询网. 中国"十三五"电力发展前景研判及电力格局展望 [EB/OL]. (2016-05-16). http://news.bjx.com.cn/html/20160516/733440-2.shtml.

（含抽水蓄能）装机达到3.9亿kW左右，新增9000万kW左右；核电装机达到约5800万kW，新增约3800万kW；风电、太阳能发电装机达到3亿kW左右，新增1.8亿kW左右；煤电、气电装机达到12.2亿kW左右，新增3.3亿kW左右；其他发电装机约3000万kW左右。展望到2030年，非化石能源发电装机比重将进一步上升，非化石能源和化石能源发电装机比约为4.5∶5.5。

4.3.2　技术供应

国家电网公司全面推进泛在电力物联网建设，开展了以下几方面的工作❶。

（1）发布泛在电力物联网建设大纲，编制形成泛在电力物联网2019年建设方案，明确了全年建设任务，涉及对内业务、对外业务、数据共享、基础支撑、技术攻关、安全防护6大方面、53项建设任务，建设智慧物联体系建设、营配数据贯通、全场景网络安全防护体系、智慧能源服务平台、电动汽车有序充电、用能优化、区块链应用验证项目、新能源互联网平台、变电站-储能站-数据中心"三站合一"、低碳冬奥科技创新综合等25项大型示范工程。

（2）制定泛在电力物联网关键技术研究框架，凝练出10大科研方向，聚焦智能传感及智能终端、智能量测、空天地一体化通信网络、物联网平台、网络信息安全、能源信息物理系统融合、用电能效与综合能源、电力市场化机制、能源互联网商业模式与企业管理、法律保障与能源政策等20余项基础性、前瞻性、战略性关键技术，以及"国网芯"、能源路由器、多站融合成套设备等10余项核心产品，集中力量开展攻关研究。2019年启动泛在电力物联网科技项目24个研究方向，共53个项目。

（3）打造五个源网荷储协同服务，包括电动汽车及分布式新能源、家庭智慧用能、社区多能供应、商业楼宇能效提升、工业企业及园区能效提升；五个能源互联网生态圈，包括电动汽车、分布式光伏、综合能效、能源电商、大数据商业化。

（4）创新开展基于人工智能的配网带电作业机器人的研制，推进不停电作业，压降停电时间。创新移动抢修APP作业模式，缩短抢修到达时间，居民用户通过掌上电力、微信公众号等参与供电互动。深挖智能电表数据价值，结合配电自动化建设，大幅减少配网故障带来的停电影响。

当前正在开展的重点攻关领域包括芯片、边缘计算、人工智能、数据融合、网络安全、智能终端融合、新一代信息通信、能源转换、能源综合利用与优化、

---

❶　朱怡. 泛在电力物联网的关键是创新与互联［N］. 中国电力报，2019-06-01（002）.

新能源高比例消纳等。比如,解决营配贯通的终端合一,新的终端将实现信息共享、软件定义、边缘计算、协议互通;数据平台支持各类业务数据的综合和融合,与外部数据的共享和综合利用;新的网络信息安全防御体系等攻关的领域广、问题新。同时正在进行互联网运营、新型交易、电网资源运营、数据运营、综合能源服务等模式创新及产业生态在线互联的平台建设。此外,技术标准的研究制定也是主要的攻关内容。

与此同时,国家电网公司将通过技术攻关、项目研究、标准制定、资本合作、特别是在模式创新方面与全社会的创新力量进行合作。公司与清华大学、西安交通大学和华北电力大学共同建设了联合研究机构,共同开展关键技术研发和高端人才培养,与多所高校开展了项目和课题的研究。启动芯片领域国家地方联合工程研究中心,在中国通信学会和中国人工智能学会成立了能源互联网专业委员会,成立了电力物联网产业生态联盟,建立了相关的标准组织。与阿里、腾讯、百度、京东、华为、中国联通等 22 家互联网企业及有关央企进行了 35 次交流座谈,借鉴外部经验做法,共商合作共赢大计。与电信运营商开展了 5G 应用的测试实验。

4.3.3 服务供应

自 2014 年习近平总书记提出"四个革命,一个合作"能源安全新战略,以及国务院办公厅印发《能源发展战略行动计划(2014-2020 年)》、国家能源局发布的《能源技术革命创新行动计划(2016-2030)》以来,我国能源互联网建设如火如荼。建成了一批不同类型、不同规模的试点示范项目,攻克了一批重点关键技术与核心装备,形成了一批重点技术规范和标准,初步建立了能源互联网的市场机制和体系,探索出一批可持续、可推广的发展模式。数据显示,从 2014 年到 2018 年,我国能源互联网相关注册企业从 3667 家增至 24651 家,上市企业从 256 家增至 287 家,总市值已达 3.37 万亿元❶。

近两年,国家电网公司陆续发布综合能源行动计划和能源互联网建设运行方案,释放出以平台和专业优势,汇集多年来积累形成的稳定客户资源,向综合能源服务商和资源整合商转型的明确信号,欲使之成为与输配业务并重的电网企业第二主业;同时,综合能源服务作为能量流、业务流和数据流贯通的物理载体,为能源互联提供更为丰富的感知和落地场景,最终通过信息化手段和电网物理平台架构,打造服务上下游供应商和客户的完整能源生态圈。

---

❶ 张溥. 能源互联网迎来多元、规模化发展 [N]. 中国电力报,2019-04-04 (002).

综合能源服务的范畴之广，不仅仅包括传统意义上的能源管理、能效服务，同时还延伸至综合能源系统的规划设计、投资运营和投融资等金融领域。综合能源服务不仅涉及电热气冷等多元化能源供应和多样化增值服务模式，同时还涵盖微电网、储能、虚拟电厂、电动汽车等新型业务场景和新兴商业模式的布局。随着"大云物移智链"等信息技术的发展，不但可以有效支撑能源高效互联及用户侧的友好互动，同时也为海量的数据资产支撑多样化的增值服务提供可能，智能化平台的搭建则更好地弥合供给与需求的鸿沟，服务于技术与市场的对接❶。

电力物联网与综合能源服务的融合是目前最常见的落地方式之一❷。综合能源服务和电力物联网的融合是发展业务和数据融合贯通的物理载体，并且综合能源服务具备非常丰富的电力物联网场景。综合能源服务和电力物联网的融合就是业务和数据贯通后形成能源流、业务流、数据流的"三流合一"，最终服务内部用户、供应商、能源客户、政府机构等，形成一个完整的能源生态。

4.4　用户侧市场潜力分析

电力物联网建设的最终目的是为了服务用户，这样才能发挥出电力物联网最大的价值。未来的用户侧市场将会呈现以下特征❸，第一个特征是需求多元化、服务场景化。伴随电力物联网建设，客户需求将不再限于单一用电领域，而是围绕人、生活、能源的各类场景化需求，如电动汽车、智能家居、光伏与电采暖等。需要适应不同客户的需求场景，结合客户用能特征，提供灵活定制、精准智能的服务。第二个特征是与客户泛在连接，实现连接即服务。随着电力物联网在配网端建设的深入，客户物联终端与公司客户服务后台之间的实时连接通道也建立起来。公司作为能源服务提供者能够直接、高效感知到客户侧的实时状态，进行能效分析和异常诊断，由此大幅减少客户侧传统服务的交互环节，最大限度地缩短服务链路，实现连接即服务。第三个特征是服务更加主动、智能和精准。电力物联网的建设使得客户侧终端设备数据和公司侧服务资源信息能够全面实时采集并共享，加上营配调专业数据的同源唯一、共享融通，客户服务将更加主动、智能和精准。

❶ 陈敏曦. 互联时代的综合能源服务 [J]. 中国电力企业管理，2019（13）：20-25.

❷ 齐琛冏. 综合能源服务走向智慧互联 [N]. 中国能源报，2019-05-06 (015).

❸ 任立国. 连接共享赋能开辟泛在电力物联网客户服务新格局 [N]. 国家电网报，2019-04-18 (003).

对于普通民众而言，能源互联网将变革传统电网工业体系，以客户为中心，面向社会开放共享，开展服务❶。一是电力物联网通过与电气的互联感知，提升能效，实现节能，通过用户互动，智慧用电，节约成本降低电费。二是进一步推进清洁绿色能源高效利用，推进电能替代促进我国电气化水平提升，有助于民众生活质量的提升和环境的优化。三是用能者和电网公司形成在线互联，进行用能方式的选择，包括时间、价格等，参与能源交易，将享受到更为丰富的互联网服务内容。

建设用户侧电力物联网是贯彻落实国家电网公司"世界一流能源互联网企业"目标的重要举措，是推进电网安全运行、精益管理、精准投资、优质服务的有效手段，是将电力用户及其设备、电网企业及其设备、发电企业及其设备、供应商及其设备，以及人和物连接起来以产生共享数据的重要途径。经过十余年的发展，国家电网公司现已建成两级部署十大应用系统，全面覆盖企业运营、电网运行和客户服务等业务领域及各层级应用，但是电力物联网建设对信息感知的深度、广度和密度提出了更高的要求。目前，电网接入的终端设备超过 5.4 亿只，采集数据日增量超过 60TB，覆盖用户 4.5 亿户。预计到 2025 年接入终端设备将超过 10 亿只，到 2030 年将超过 20 亿只。这样一个电力物联网的规模和潜在市场，一旦成形，将爆发出巨大的市场价值❷。

具体来说，电力物联网在用户侧有五大典型应用场景。

（1）居民家庭智慧用能。居民家庭智慧用能是为居民家庭打造智慧用能服务环境，居民家庭智慧用能服务系统采用"用—云—管—边—端"的整体构架方案。安装能源路由器、随器计量家电、随器计量微型断路器、随器计量插座等。研发推广配套 APP，设计家庭用能智慧值指标评价体系，提高居民家庭用能的经济性、安全性和便捷性，推动居民家庭智慧用能水平的提升。

（2）电动汽车及分布式能源服务。建设智慧能源服务系统，实施电动汽车有序充电和分布式能源有序接入，可保障配电网安全运行。提升充电设备利用率，促进清洁能源消纳，提高能源利用效率。设备物理层通过能源控制器和能源路由器串联起电动汽车有序充电监控链，可有序引导电动汽车低谷充电，减少电网投资，降低车辆使用成本，促进电动汽车的发展，减少汽车尾气排放，改善空气质量。

（3）社区多能服务。社区多能服务是国家打造未来社区的典型场景，通过对供能设备、用能设备的监控、诊断和控制，积极参与需求响应和市场化交易

❶ 朱怡. 泛在电力物联网的关键是创新与互联［N］. 中国电力报，2019-06-01（002）.
❷ 时玉丰. 泛在电力物联网的 C 位出道记［EB/OL］.（2019-03-12）. http：//www. hxny. com/nd/40779/0/15. html.

等电力互动。社区多能服务用能控制系统采用"云、管、边、端"架构，实现社区范围内冷、热、电、气交互耦合与协同控制，达到最优经济用能，同时促进社区清洁能源消纳。

（4）商业楼宇用能服务。商业楼宇用能服务是在满足特定目标条件下，连接建筑楼宇内的人员、空间环境，能源生产、传输、使用的所有设备，且可以与电网实施互动。商业楼宇用能控制系统采用"云、管、边、端"的系统架构，系统在物理设备层，通过部署各类传感器和执行器，实现对产生数据的源设备和建筑空间单元的全面感知。

（5）工业企业及园区用能服务。工业企业及园区用能服务，是集成计算、通信与控制技术，使供用能设备或系统具有计算、通信、精确控制、远程协作和自治功能，构建协调优化、友好互动、灵活交易的用能管控体系。通过部署的本地边缘路由器和各类传感器，实现工业企业及园区各供用能系统的实时感知、动态控制和信息服务。

2019年实施电力物联网以来，已初见效果，平均停电时间得到缩短，居民通过掌上电力更加便捷地与电网互动，电动汽车充电更加方便，通过光伏云网，用户的发电效率得到提高。未来，用户将通过电力物联网与电网进行深度互动，将大大提升用户的体验与获得感。当前，电力物联网关键技术研发攻关正在开展，创新试验已经启动，大型综合示范工程正在铺开，有省、地、市、园区4个层级的综合示范，也有县乡的业务创新（如河南兰考、河北正定、冀北北戴河等），有新能源、电动汽车、大数据价值、综合能源、互联网业务等多种类型的模式创新。2019年是一个试验示范、研究开发的探索攻坚期，将为2020年的推广和2021年的基本建成奠定基础。

在电力物联网建设的深入推进下，国家电网公司将探索构建面向用户侧电力物联网的新型智能计量体系，统一终端标准，推动跨专业数据同源采集，实现配电侧、用电侧采集监控深度覆盖，提升终端智能化和边缘计算水平❶。据国网河北电科院大数据与人工智能实验室负责人介绍，安装智能电能表以后，居民可以通过掌上电力APP了解自家能耗，更加清晰、方便地观察用电数据，体验每日用电量观测、负荷监测、省电排名、历史用电分析等功能，通过智能电能表，人们可以更加及时快速地监测自己的用电情况，同时根据自己的用电情况进行选择性消费，购买不同的电费套餐，节约生活成本。

---

❶ 孟冉冉. 国家电网探索构建泛在电力物联网新型智能计量体系［EB/OL］. (2019-05-15). http://shupeidian.bjx.com.cn/html/20190515/980402.shtml.

5 电力物联网建设路径

5.1 提升客户服务水平

以客户为中心，开展电力物联网营销服务系统建设，优化客户服务、计量计费等供电服务业务，实现数据全面共享、业务全程在线，提升客户参与度和满意度，改善服务质量，促进综合能源等新兴业务发展，推广"网上国网"应用，融通业扩、光伏、电动汽车等业务，统一服务入口，实现客户一次注册、全渠道应用、政企数据联动、信息实时公开❶。

随着我国经济新常态、能源转型、电力体制改革、"大云物移智"新技术发展等外部环境的变化，电力企业经营环境、盈利模式正在发生变化，新时代电力客户需求呈现出便捷性、多元化、互动化特征，电力客户拥有更多选择权，电力企业供电服务矛盾已经转变为电力客户日益增长的优质服务需要与服务方式发展不平衡和不充分之间的矛盾，迫切需要加快新技术与业务融合，优化升级供电服务体系，通过再造业务流程、创新服务模式，实现传统电力服务与能源电商、电动汽车、综合能源等新型电力服务跨界融合，共享服务资源，持续拓展电力服务产品，满足电力客户日益多元化的优质服务需求。整合掌上电力、电 e 宝、95598 网站，以及车联网、分布式光伏等电力在线服务资源，建设客户聚合、业务融通、数据共享的电力物联网多渠道客户服务中台，实现交费、办电、能源服务等业务一站式办理和全渠道无缝对接，提高客户全息感知能力和泛在连接能力，是电力企业构建以客户为中心的现代服务体系、实现企业数字化转型和电力物联网战略的必然选择。

---

❶ 泛在电力物联网建设大纲（节选）[J]. 华北电业，2019（03）：20-29.

5.1.1 搭建多渠道电力客户服务中心

电力物联网多渠道客户服务中台是一种战略性业务架构,以电力客户服务和供电服务持续改进为内容,以构建价值导向的核心服务能力为目标,通过中台赋能的方式,为面向电力客户服务的前台应用输出持续沉淀的核心业务能力和快速创新能力。电力物联网多渠道客户服务中台由若干个共享服务中心构成,共享服务中心是将原来分散在各个电力客户服务专业业务支持系统中的业务逻辑相同或相近的事务性工作和专业服务工作进行分离、重组后建立的集合,并交由相应的机构、岗位人员来组织运营,通过资源和服务重组,实现为电力客户提供统一、专业、标准化的高效服务的目的。通过构建电力物联网多渠道客户服务中台,打破传统电力客户服务业务边界,以电力客户视角重组业务场景,挖掘传统电力业务与新兴业务客户各类需求间的关联性关系,按照不同服务场景,实现服务拆分及业务重组,优化关联业务设计,满足电力客户一键办理要求;同时,打通线上、线下全业务流程,建立横向协同、纵向协作业务模式,确保线上、线下业务协同、信息互通、数据集中存储和共享。

多渠道电力客户服务中台战略设计是对电力客户服务实现全业务、全渠道、全过程的战略分析与设计。其中,全业务涉及传统电力客户服务、能源电商、电动汽车、综合能源等各方面;全渠道包括但不限于营业厅、自助终端、95598、电 e 宝、车联网等自有渠道,银行、微信、支付宝等第三方合作渠道,以及政府、电信运营商、公共事业等外部渠道;全过程包括业务域建模、服务架构、服务设计、服务实现、服务治理等设计环节。客户服务中台按互联网产品设计模式,采用微场景、微应用的设计方法,即以业务场景为最小设计单元,以功能达成和用户体验为核心,通过业务服务化将企业资源以业务能力的形式组织起来,通过一定的技术架构对这些业务能力进行封装形成易于消费的服务,从而实现业务能力粒度上的重用、组装、维护和管理,来灵活、迅捷构筑实现特定业务目的的企业级应用。然后进行业务域建模,业务域建模是按照多渠道电力客户服务的业务需求进行业务分解及边界划分,形成"高内聚,低耦合"的业务子域,对共享服务中心所涉及的相关业务进行业务边界划分和业务能力描述的过程。该阶段产出业务逻辑架构设计,业务逻辑架构包括业务域及业务能力。

当业务域架构设计完成后,共享服务中心架构初步形成,多渠道电力客户服务业务域基本上可以对应到相应的共享服务中心,后续将基于这个框架开展设计。首先根据多渠道电力客户服务的业务流程开始对服务进行识别,从而进行服务化的架构建模，同时把服务所在的业务范围归属到相应的共享服务中心。共享服务中心还可以从技术维度横向或者纵向抽象各个服务中心共同依赖的技术能力，从而形成技术视角的服务中心。再以服务识别出的服务目录为基础，针对服务粒度、依赖组合关系做合理调整，更新支撑多渠道电力客户服务业务的服务目录和服务关联。针对服务接口、服务应用分组，以及部署方式，以契约先行和更好支持可伸缩、高可用为目标做进一步的设计。同时，在性能、管控、安全等非功能性需求方面，针对下一步的服务实现阶段提出更明确的要求，对具体服务进行定义。服务实现需要确定服务实现技术规格，涉及一系列技术架构主题的分析、选型之后得到的通用和特例决策，需要确定服务化框架，确定具体产品来封装业务能力的实现，形成服务；确定实现业务能力依赖的技术产品，如使用规则、搜索、消息、缓存引擎、工作流和数据持久化框架等；编写、集成、组装、测试，形成应用部署交付件要求之前，服务设计阶段提出的实现指导原则能够切实落实；部署服务要求、服务应用，能够便捷甚至自动地适应不同的部署目标环境之间的切换。

后进行服务治理，在完成服务拆分和服务实现后的一个关键且长期持续的环节，主要目的是为协调服务提供者和服务消费者，为服务化体系能够顺畅运转而制定的治理策略。共享服务中心的建设过程中针对服务治理，可应用分布式服务治理组件，实现限流与降级、流量控制、容量规划、业务开关等功能，保障多渠道电力客户服务中台在海量峰值访问场景下的稳定运行❶。

5.1.2 大力推广移动 APP 应用平台

国家电网公司将贯彻公司"三型两网"战略部署，落实电力物联网建设安排，全面启动"网上国网"全网推广工作，加快构建电力物联网服务主入口和世界一流供电服务线上平台❷。

"网上国网"是公司供电服务主入口，也是电力物联网主入口，承载着链接客户、汇聚资源、对接供需、创新业态、构建生态的重要使命，是客户侧电力物联网建设的重要基础和支撑。图 5-1 所示应用场景，客户使用"网上国网"APP 一次填写身份信息，即可一键办理买车、买桩、安桩、接电等多类业务，公开业务办理进度，实时提醒当前状态。客户通过电子签名、签章功能，完成用电业务全过程线上办理，实现"一次都不跑"，提升客户体验。该 APP 可以

---

❶ 林鸿，方学民，袁葆，欧阳红. 电力物联网多渠道客户服务中台战略研究与设计［J］. 供用电，2019，36（06）：39-45，66.

❷ 泛在电力物联网建设大纲（节选）［J］. 华北电业，2019（03）：20-29.

通过分析客户用能行为，预测客户消费需求，为客户提供精准化营销服务，提升客户黏性❶。

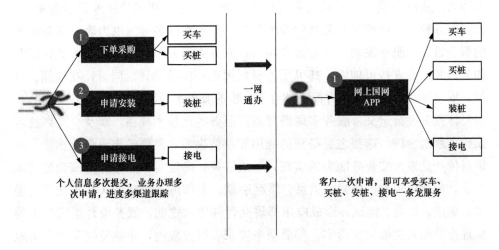

图 5-1　网上国网 APP 应用场景

5.2　提升企业经营绩效

实施多维精益管理体系变革，统一数据标准，贯通业财链路，推动源端业务管理变革，实现员工开支、设备运维、客户服务等价值精益管理，挖掘外部应用场景，开展价值贡献评价，实现互利共赢。围绕资产全寿命核心价值链，全面推广实物 ID，实现资产规划设计、采购、建设、运行等全环节、上下游信息贯通；建设现代（智慧）供应链，实现供应商和产品多维精准评价、物资供需全业务链线上运作，提升设备采购质量、供应时效和智慧运行能力❷。

现代（智慧）供应链以智能采购、数字物流、全景质控三大智慧业务链为基础，提高物资专业运营能力；以内外高效协同为支撑，更好地为客户提供优质服务；以智慧运营为核心，提高供应链全过程数据挖掘和价值创造能力，更好地为公司和社会提供信息服务。

围绕"三型两网、世界一流"战略目标，应用"大云物移智"技术，整合供应链上下游资源，构建具有数字化、网络化、智能化、规范化特征的现代

---

❶　泛在电力物联网建设大纲（节选）[J]. 华北电业，2019（03）：20-29.

❷　高雅. 现代（智慧）供应链助推泛在电力物联网建设——国家电网物资管理向智慧转型迈进 [EB-OL]. (2019-04-11). http://shupeidian.bjx.com.cn/html/20190411/974064.shtml.

（智慧）供应链体系，推动"两网"深度融合，成为能源行业供应链领导者，为建设"三型两网"世界一流能源互联网企业提供优质高效的服务支撑。

将质量管控延伸到生产端。所谓全景质控，是指贯彻全寿命周期管理理念，围绕供应商管理、质量监督业务，应用供应商资质能力、供货履约、安装服务、运行绩效、社会信用评价结果，客观量化甄选、培养优质供应商和产品。

在感知层面，现代（智慧）供应链从采购源头入手，应用状态传感器、信息采集器、边缘计算单元等终端，对物资生产、出厂、运输、仓储、安装、运行、报废等各环节进行定位跟踪与信息采集，实现供应链万物互联，在线感知人、机、物的位置和状态。

同时，现代（智慧）供应链把关键技术参数、质量检测数据、供应商评价结果和不良行为处理信息，反馈到采购过程中，并在线获取、自动对比、量化打分，实现智能采购与全景质控的闭环管理。现代（智慧）供应链应用物联网技术，推动采购、物流、质量监督等物资业务与互联网新技术、新应用紧密结合，实现采购设备的"物物互联"和供应链数据的全面连接。

现代（智慧）供应链有枢纽作用，要让更多供应商、制造商、原材料生产商、物流承运商、金融单位参与到能源互联网建设中，发挥公司在标准引领、资源配置、降本增效等方面的枢纽作用，重塑全新产业生态圈。这不仅是物资工作的要求，更是建设电力物联网的重要内涵。

企业发展已进入由业务驱动向数据驱动转变的时代，新技术、新思维、新方法将引领业务运作模式、管理方法、决策思路的变革。现代（智慧）供应链建设对传统物资管理进行全方位、全链条的质量、效率变革提升，为推动公司"两网"融合贡献物资智慧。

5.3　提升电网安全经济运行水平

围绕营配贯通业务主线，应用电网统一信息模型，实现"站-线-变-户"关系实时准确，提升电表数据共享即时性，构建电网一张图，重点实现输变电、配用电设备广泛互联、信息深度采集，提升故障就地处理、精准主动抢修、三相不平衡治理、营配稽查和区域能源自治水平。立足交直流大电网一体化安全运行需要，引入互联网思维，建设"物理分布、逻辑统一"的新一代调度自动化系统，全面提升调度控制技术支撑水平。打造"规划、建设、运行"三态联动的"网上电网",实现电网规划全业务线上作业;开展基建全过程综合数字化管理平台建设,推进数字化移交,提升基建数字化管理水平❶。

5.3.1 提升大电网一体化安全经济运行

大电网调度控制系统面向强互联大电网设计,基于互联网思维,综合运用云计算、大数据等成熟适用的 IT 先进技术及其理念,以"物理分布、逻辑统一"为指导思想,将物理分布在各级调度的子系统,通过广域高速通信网络构成一套逻辑上统一的大系统,突破传统的独立建设、就地使用模式的局限,统一为各级调度提供服务。

这里的"物理分布、逻辑统一"是指采集控制分布、分析决策集中,实时性要求高的采集控制类功能面向当地,分析决策优化类功能面向全网。整个大电网调度控制系统由分析决策中心、模型云平台、分布式监控系统等主要部分构成。其中分析决策中心和模型云平台全网集中部署,监控系统按电网管辖范围分布部署于各级调控中心。

基于全网共享的模型云,各级调度通过该系统可以实现电网信息的按需访问;基于逻辑统一的全网分析决策,可以实现电网发展态势的同步感知和安全运行的主动掌控;基于物理分布的监控系统,可以实现对大电网的分层分区监视与控制。

系统基于外部环境信息及未来趋势分析,通过全景监视和评估实施控制策略智能调整,完成电网运行自校正,实现电网"自动巡航";通过源-网-荷精细化调控,电力电量的全局平衡和超前部署,电网事故预想、预判、预控等功能,主动防范电网故障,实现电网主动调度❷。

基于电力物联网,在电源管理单元/广域监测系统量测数据的基础上,建立源、网、荷广泛互联的全网广域信息系统,结合超实时计算对全网信息的实时分析,解决在线动态潮流计算和负荷参数辨识,实现响应驱动的暂态稳定的在线量化评估及快速协同控制,提升系统运行的安全性和经济性。

利用"调控云"和人工智能技术解决电网弹性智能调度运行控制难题,采用"物理分布、逻辑统一"的全新架构,从态势感知、趋势预测、优化运行和精准控制四个方面搭建高精度全景状态感知和弹性调控机器人系统,实现大电网的全景可观、全局可控、多维协调和智能调度,发生扰动后秒级内实现自动

---

❶ 泛在电力物联网建设大纲(节选)[J]. 华北电业, 2019 (03): 20-29.
❷ 许洪强, 姚建国, 於益军, 汤必强. 支撑一体化大电网的调度控制系统架构及关键技术 [J]. 电力系统自动化, 2018, 42 (06): 1-8.

响应。

以大电网为核心，以能量流和信息流为纽带，以大数据和人工智能技术为支撑，打造能源互联网的全景安全防御与智能调控体系，实现能源互联网的全面运行状态感知、安全态势量化评估、广域智能协同控制、全域自然人机交互，实现能源供需的实时匹配和智能响应，提高安全经济运行、现代科技管理和多元价值服务的质量水平❶。

5.3.2 加强电网运行方式管理

1. 把运行方式管理制度化

电网运行方式管理难度大，工作量大，对调度人员要求高，从制度上规范电网运行方式的管理工作尤为必要。年度运行方式管理的编制根据上一年度电网运行中出现的问题，找出电网安全运行的薄弱环节，对这些问题进行有效的防范措施，使电网安全经济效益有所提高。运行方式管理的制度化要求将反事故措施落实到电网运行方式中，不断吸取上一年度的教训，从而使电网在安全的环境下运行。

2. 技术上加强电网运行方式分析的深度

电网运行方式管理涉及众多因素，比如繁杂的数据、各种外界环境等，所以电网的安全运行要求技术上加强运行方式分析的深度。分析计算时必须对联络线跳闸导致的电网解离和重要输电断面同时失去两条线路的情况进行计算并比较分析，还要对母线和电杆架子回路故障下的稳定性必须进行校核计算分析，以便技术上加强电网运行方式分析的深度。

3. 有针对性地开展事故预想、防范工作

在提高电网安全经济效益过程中，电网运行方式管理必须提高警惕，否则会导致电网安全事故的发生。因此，采取电网运行方式时严谨管理，不能疏于细节，对最不利的运行方式，采取针对性强、有组织有重点的事故预想和反事故演习，将防范措施尽量细化，以便有效防止电网事故的再次发生。

4. 提高电网运行方式的现代化管理水平

随着信息化的迅速发展，电网运行方式不断引入高科技的管理模式与现代化的管理理念。提高电网安全经济效益的关键在于，运行方式管理中使用现代化信息管理，使用计算机软件建立健全数据库系统，从而提高运行方式的现代化管理水平。

---

❶ 王栋. 大数据与大电网中的智能机器人［EB/OL］. (2018-10-24). https://wenku.baidu.com/view/d83a9bf8294ac850ad02de80d4d8d15abf230007.html.

5.3.3 大力开展经济运行

电网运行方式管理为了提高安全经济效益必须抓好运行方式的经济运行工作，在保证安全的前提下，通过进行潮流和经济运行的计算分析，合理安排经济运行方式。加强电网运行方式的基础是合理安排经济运行方式，安排经济运行方式虽然烦琐、工作量大，但是对电网的安全运行尤为重要。合理安排运行方式是一项细致的工作，对调度工作人员的责任心和业务素质的要求相当高，只有提高业务人员的工作质量才能实现电网安全经济运行。开展经济运行还要求在管理上要协助调度员与其他工作人员的工作，安排和督促地方小水电和火电进行调峰，减少峰谷差的基础上提高电网安全经济效益。

电网运行方式管理关系到电网系统的安全经济运行，电网的安全运行又直接决定整个电力系统的安全经济运行，因此，加强电网运行方式管理是整个电力系统安全运行的基础。提高电网安全经济效益，必须弄清电网运行方式管理的重要性，电网的安全运行要做到电网运行方式的正确管理，安全经济的管理方式才能提高电网运行的安全经济效益❶。

5.4 促进清洁能源消纳

全面深度感知源网荷储设备运行、状态和环境信息，用市场办法引导用户参与调峰调频，重点通过虚拟电厂和多能互补提高分布式新能源的友好并网水平和电网可调控容量占比；采用优化调度实现跨区域送受端协调控制，基于电力市场实现集中式新能源省间交易和分布式新能源省内交易，缓解弃风弃光，促进清洁能源消纳❷。

5.4.1 通过虚拟电厂提升清洁能源消纳

虚拟电厂的特点符合新一代电力系统"智能互动和开放共享"的发展需求和方向，因此在破解清洁能源消纳难题、绿色能源转型方面可以发挥重要作用。

1. 可缓解分布式发电的负面效应，提高电网运行稳定性

虚拟电厂对大电网来说是一个可视化的自组织，既可通过组合多种分布式资源进行发电，实现电力生产；又可通过调节可控负荷，采用分时电价、可中断电价及用户时段储能等措施，实现节能储备。虚拟电厂的协调控制优化大大

---

❶ 冯隽. 加强电网运行方式管理提高电网安全经济效益 [J]. 科技视界, 2013 (35): 339, 420.

❷ 泛在电力物联网建设大纲（节选）[J]. 华北电业, 2019 (03): 20-29.

减小了以往分布式资源并网对大电网造成的冲击，降低了分布式资源增长带来的调度难度，使配电管理更趋于合理有序，提高了系统运行的稳定性。

2. 可高效利用和促进分布式能源发电

近年来，我国分布式光伏、分散式风电等分布式能源增长很快，其大规模、高比例接入给电力系统的平衡和电网安全运行带来一系列挑战。如果这些分布式发电以虚拟电厂的形式参与大电网的运行，通过内部的组合优化，可消除其波动对电网的影响，实现高效利用。同时，虚拟电厂可以使分布式能源从电力市场中获取最大的经济效益，缩短成本回收周期，吸引和扩大此类投资，促进分布式能源的发展。

3. 可以以市场手段促进发电资源的优化配置

虚拟电厂最具吸引力的功能就在于能够聚合多种类型的分布式资源参与电力市场运行。虚拟电厂充当分布式资源与电力调度机构、与电力市场之间的中介，代表分布式资源所有者执行市场出清结果，实现能源交易。从其他市场参与者的角度来看，虚拟电厂表现为传统的可调度发电厂。由于拥有多样化的发电资源，虚拟电厂既可以参与主能量市场，也可以参与辅助服务市场，参与多种电力市场的运营模式及其调度框架，对发电资源的广泛优化配置起到积极的促进作用。

如图 5-2 所示，通过聚合用户侧可控负荷，提高电网可调控容量占比，提升新能源并网承受能力；虚拟电厂将分布式新能源聚合成一个实体，通过协调控制、智能计量和源荷预测，解决分布式新能源成本高和无序并网的问题，提高分布式新能源的接纳能力；虚拟电厂通过聚集分布式电源、储能设备和可控负荷，实现冷、热、电整体能源供应效益最大化，促进清洁能源消纳和绿色能源转型。

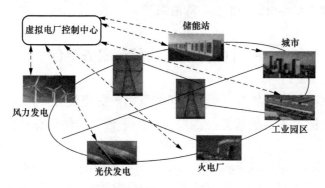

图 5-2　虚拟电厂应用场景

5.4.2 从规划入手提升清洁能源消纳

一方面，要创新电力规划方法，实现纵向"源—网—荷—储"协调优化。电力规划要逐步引入综合资源规划的理念，打破电力系统各部分单元之间的界限，将电力供应侧与需求侧各种形式的资源综合成为一个整体进行规划，从而使得电源规划能够与电网规格结构、负荷规模和系统消纳能力相适应；电网和需求侧能够更好地应对清洁能源的间歇性和随机性特性，在大量、高效地接纳清洁能源的同时保障系统的安全稳定运行。由此，达到整个规划系统的社会总成本最小，实现电源与电网、电网与用户、电源与用户之间的资源优化配置，即实现纵向"源—网—荷—储"协调优化模式。

另一方面，要改变电力规划机制，建立一种"自上而下、集中规划"的政府规划机制，逐步改变现有的"自下而上、层层批准"的规划模式。由国家能源局直接领导国家电力规划研究机构，并充分发挥行业协会、电网企业、大型发电企业，以及科研设计院等规划研究力量，制定中长期电力发展战略。在电力中长期战略的指导下编制电力五年规划，突出规划方案的战略性、前瞻性及整体性，把电力规划关注的重点从项目审批逐步转移到对于总量、结构及布局的优化控制上；改变"十二五"期间诸多专项电源规划、区域电网规划的碎片化现象，将各类电源规划、电网规划等均纳入电力发展总体规划，突出统筹电源与电网协调发展❶。

5.4.3 以技术入手提升清洁能源消纳

以技术为例，解决新能源消纳问题，首要是科学定量地评价电力系统消纳新能源能力，分析新能源发电受限的具体原因和瓶颈。在此基础上，有针对性地优化全网火电、风电、太阳能发电等多种电源的发电计划，进一步优化系统运行方式。此外，通过科技创新、电网建设、政策体系、市场机制等一系列措施保证新能源"发得出、并得上、能消纳"❷。

5.5 打造智慧综合能源服务平台

以优质电网服务为基石，发挥公司海量用户资源优势，打造涵盖政府、终端客户、产业链上下游的智慧能源综合服务平台，提供信息对接、供需匹配、

---

❶ 曾鸣. 促进清洁能源消纳应首先从规划入手［N］. 国家电网报，2015-12-29（001）.

❷ 北极星太阳光伏网. 加强并网运行控制共促清洁能源消纳［EB/OL］.（2019-04-24）. http：//mguangfu.bjx.com.cn/mnews/20190424/976698.shtml.

交易撮合等服务，为新兴业务引流用户；加强设备监控、电网互动、账户管理、客户服务等共性能力中心建设，为电网企业和新兴业务主体赋能，支撑"公司、区域、园区"三级服务体系❶。

5.5.1 综合能源服务业务现状

随着中国电力市场改革的深入推进，综合能源服务业务在政策和市场的共同驱动下，已经进入了一个快速发展时期。综合能源服务的业务范畴也从最初的节能改造、能耗监测，扩展到围绕分布式发电、电动汽车充电、储能为主的新能源投资，碳交易、需求侧响应等新兴业务也将日趋成熟。综合能源服务业务在为工业企业、园区、公共建筑和居民等客户提供价值服务的过程中，面临的主要问题有：缺少数字化平台，缺失基础数字平台支撑业务，缺少详细用能数据开展业务；用户需求沉默，缺乏用户互动，用户真实需求难挖掘，粗放打包服务，用户体验差等。实际上综合能源服务本身具备了比较丰富的电力物联网应用场景，从整体上来讲电力物联网既包括了国家电网公司本身的输配售相关主业，也包括了新型的市场化业务，其中一个重要的部分就是综合能源服务。综合能源服务和电力物联网的融合发展，是业务和数据的贯通，将形成跨专业的数据共享态势，从而催生了"平台思维"。国家电网公司产业部副主任王军曾建议，要用"平台思维"去谋划综合能源服务业务发展，聚焦关键核心业务，创建灵活机制，构建开放、合作、共享的综合能源服务平台。

5.5.2 搭建智慧综合能源服务平台

在新的商业生态格局中，国家电网公司将树立用户导向、跨界融合、开放共享的新理念，依托源、网、荷、储等多环节的业务平台，联手社会资本和各类市场主体，为产业链上下游提供基于数据的综合服务和资源共享服务，赋能全产业链，以服务实现带动，共同开拓能源互联网业务蓝海。

在电源端，服务新能源企业可持续发展。落实能源生产革命，服务新能源发电企业可持续发展，国家电网一方面继续建设运营好坚强智能电网，推进清洁能源的大范围优化配置，助推能源电力绿色低碳发展。另一方面，还要充分与社会各界加强合作，构建新能源大数据业务平台、光伏云平台等新商业基础设施，共同为能源生产企业、分布式光伏厂商和用户提供生产性服务和商业服务，助力新能源产业发展。例如，国家电网在青海建设了面向新能源发电企业的工业互联网平台，引入社会大数据科技团队，共同为太阳能和风力发电企业提供基于设备物

---

❶ 泛在电力物联网建设大纲（节选）[J]. 华北电业，2019（03）：20-29.

联网的智能托管、功率预测、故障诊断等智能化服务，开展运维资源共享、备件联储服务等共享业务，帮助新能源发电企业降低运维成本、提高运行效率，促进清洁能源有序消纳。下一阶段，国家电网公司将继续完善服务平台建设，依托平台孕育更多新业态，携手全社会力量持续提升对新能源发电企业的服务能力。

在电网端，推动能源电力装备制造企业转型升级。党的十九大报告指出，要"加快建设制造强国，加快发展先进制造业"，并将"推动制造业高质量发展"列为 2019 年重点工作任务之首。我们国家的电力装备制造业经过十几年的发展，基本摆脱了"进口依赖"，并在特高压等领域实现了技术与标准领先。但总体上，电工装备的智能化水平、精益制造能力还有较大的提升空间。国家电网公司将部署建设电力输变电设备物联网，增强电力设备状态感知与数据获取能力，推动电工装备制造业智能化升级。国家电网公司正着手筹建电工装备（能效设备）的工业云网，依托长期积累的设备运行状态数据，与设备商开展深层次数据合作，支持电力装备制造企业发展智能制造。

在负荷端，赋能服务综合能源服务商与能源消费者。面向综合能源服务商，建设开放的综合能源服务平台，为产业链上下游企业和用户提供咨询设计、设备供应、施工安装、数据服务、运行维护、融资服务、保险服务，以及碳交易等在内的一站式服务。为社会综合能源服务商提供平台技术服务，成为综合能源服务商的服务商，支持社会综合能源服务业务高质量发展。面向能源消费者，建设智慧能源控制系统，支持楼宇、社区、工业企业、园区等用能设备广泛接入，提供托管运维和运营监测，降低建设运营成本。建设运营好智慧车联网平台，面向全社会提供充电设施接入服务和电动汽车充电数据产品服务，为社会中小充电运营商、充电设施生产企业提供充电设施 SaaS 平台服务，满足电动汽车产业链企业与用户需求。推广应用"网上国网"APP，形成业务融通、数据共享的统一网上服务平台，实现全业务线上办理、全天候"一站式"服务。

在储能端，促进储能产业健康有序发展。国家电网公司以"大平台＋微服务"互联网架构为基础，开发建设用户侧储能云平台。该平台将面向全社会提供全国统一的线上线下储能报装接入、储能设施运行监控、运营管理、运维检修、信息服务等全生命周期"一站式"服务，并拓展基于数据的增值服务。通过平台促进全社会储能资源整合利用，打造多方共赢的商业模式，促进储能产业健康有序发展❶。

---

❶ 张园，石书德，张勇. 建设"三型两网"构建能源互联网商业新生态 [EB/OL]. （2019-05-08）. http://m. bjx. com. cn/mnews/20190508/979131. shtml#10006-weixin-1-52626-6b3bffd01fdde4900130bc5a2751b6d1.

5.5.3　提高智慧能源综合服务水平

打造公司级智慧能源综合服务平台。建设智慧能源综合服务线上统一门户，实现业务引流；建设智慧能源平台化共享服务能力，实现产业赋能；建设智慧能源数据运营中心，实现生态共赢。开展区域级资源整合，实现园区智慧能源互联互通；开展能源规划设计、运行维护、聚合交易、能效分析等业务，实现智慧能源运营；面向政府、能源生产商、能源运营商、能源消费者等主体，探索智慧能源商业模式。开展能源采集、控制、计量等终端标准化接入，实现全景感知；融合电力无线专网、VPN、5G等通信技术、实现数据高效传输；开展分布式能源、多元化储能、柔性可控负荷等业务模块化配置和运行优化，提高园区能效水平❶。

5.6　培育发展新兴业务

充分发挥国家公司电网基础设施、客户、数据、品牌等独特优势资源，大力培育和发展综合能源服务、互联网金融、大数据运营、大数据征信、光伏云网、三站合一、线上供应链金融、虚拟电厂、基于区块链的新型能源服务、智能制造、"国网芯"和结合5G的通信、杆塔等资源商业化运营等新兴业务，实现新兴业务"百花齐放"，成为公司新的主要利润增长点。如电商大数据金融已为企业制造效益，公司品牌已经带来新的经济价值；全力推动"国网芯"规模化应用❷。

5.6.1　完善新兴业务制度体系

以公司战略纲要为引导，抓好公司新兴业务发展子战略规划，承接构建公司新兴业务布局、发展策略等内容。初步考虑产业投资集团作为新兴业务的战略投资、电动汽车发展、科技装备、资本运作和经营租赁平台，探索国有资本投资公司经营模式试点。深化市场化体制机制创新，加紧编制投资、考核激励、用工薪酬等相关配套制度，共同搭建起公司新兴业务制度体系。

5.6.2　打造新兴产业平台

打造新兴产业平台。要构建电动汽车服务产业生态平台，建立全网统一的充电服务平台，推动搭建充换电基础设施服务实体网络。打造综合智慧能源系

❶ 北极星智能电网在线."国网芯"和智能终端技术突破是泛在电力物联网建设应用创新的保障之一 [EB/OL].（2019-05-06）. http://www.chinasmartgrid.com.cn/news/20190506/632632.shtml.
❷ 泛在电力物联网建设大纲（节选）[J]. 华北电业, 2019（03）：20-29.

统平台，统一上线电力工程服务、节能服务、分布式能源、储能、电管家、供应链金融等业务。构建统一综合电子商务平台，实现电子商城产业化运营。构建产业线上线下"双创"平台，在新兴业务公司自下而上实施内部"双创"。

5.6.3 构建综合能源服务体系

构建综合能源服务体系。建立网省地三级综合能源业务实施主体协同运作机制；参与桂山海上风电、海岛微电网等建设项目；加快启动桂山海上风电二期工程前期工作，推进百兆瓦级大规模储能示范项目建设；推进"三表集抄、四网融合""电力与通信共享铁塔商业化运营合作"等创新业务❶。

5.6.4 重点打造基于区块链的新型能源服务

从开始的小试牛刀，到在能源行业不同场景的落地应用，能源区块链发展十分迅速。随着能源区块链应用的兴起，国家电网公司积极跟进，加快推进区块链技术在能源场景的研究应用。今年年初，国家电网公司提出建设"三型两网"世界一流能源互联网企业战略目标，电力物联网建设随之被提上了重要议程。在泛在物联网建设过程中，能源区块链潜藏的价值是一片可见的蓝海，能够为电力物联网建设提供新动能。

目前，能源区块链建设成果已在光伏并网等多个场景实现了落地应用。基于区块链的光伏并网签约，通过可靠云端电子签名技术，将用户身份信息、合同内容等关键信息和过程上链存证，对敏感信息加密存储，省去了复杂的认证流程，在接近零成本的前提下，实现了具有法律效力的线上签约。基于区块链的电子发票查验平台，记录了电子发票的关键要素和报销状态，通过密码技术防篡改、防抵赖，有效避免了虚假票据和重复报销。

国家电网公司统一积分系统利用区块链技术将积分数字化，不同平台共用同一套积分账本，通过分布式网络实现不同商家和供应商之间免对账，激活了积分的金融价值。基于区块链技术的企业信用平台将企业的工商信息、电费交纳信息、供应商评价等数据上链存证，利用共识机制建立信用共享联盟。平台之间可在数据资源不泄露的前提下，实现数据多源交叉验证与共享。

能源区块链将为新兴业务发展提供整体技术方案，对内可实现质效提升，对外可实现融通发展，有力支撑能源金融、综合能源、电力交易、安全生产、企业管理等工作的开展。可以预见，能源区块链以其迅猛的发展势头、巨大的

---

❶ 彭文蕊，通讯员刘杰. 南方电网 2019 年改革方向：谋划新兴业务布局、打造新兴产业平台、构建综合能源服务体系 [EB/OL]. (2019-03-08). http://shupeidian.bjx.com.cn/html/20190308/967638.shtml.

发展潜力，必将在"三型两网"世界一流能源互联网企业建设中发挥积极作用❶。

5.7 构建能源生态体系

构建全产业链共同遵循，支撑设备、数据、服务互联互通的标准体系，与国内外知名企业、高校、科研机构等建立常态合作机制，整合上下游产业链、重构外部生态，拉动产业聚合成长，打造能源互联网产业生态圈。建设好国家双创示范基础，形成新兴产业孵化运营机制，服务中小微企业，积极培育新业务、新业态、新模式❷。

5.7.1 大力打造商业生态平台

坚强智能电网与电力物联网将融合发展成为能源互联网，成为能源电力全产业链能源交汇转换、业务开拓创新与价值创造分享的枢纽。国家电网公司将依托能源互联网，围绕产业链需求，在发输配售储等多个环节发起建设开放共享的多层次商业平台体系，形成智慧能源商业的网络协同效应，为能源电力产业链打造新的商业生态。构建能源互联网商业基础设施，国家电网公司将围绕能源电力产业链，依托广泛的物联基础和数据资源，大力建设契合发电企业、储能企业、工商业用户、居民家庭，以及社会能源服务商实际需要的商业平台，形成能源电力商业生态网络协同效应，为能源互联网产业发展打通数据壁垒、打开资源边界、构筑多边市场，带动产业链上下游企业协同进化。

5.7.2 打造能源电力产业链新生态

传统的能源电力产业是以链条式、封闭式的产业链关系和机械式的信息传递为主，业务多在线下开展。在多层次能源互联网商业平台的支撑下，能源电力产业将加快从传统商业模式向智能商业模式升级，形成新的商业生态格局。新的商业生态格局以多层次的商业平台为核心，以生态主体多样化、价值关系网络化、商业行为在线化、跨界合作多样化为突出特点，打破了传统的产业链条关系，以复杂的网络协同共同为用户提供产品和服务，共同创造价值并分享价值❸。

---

❶ 林洋. 能源＋区块链：赋能新兴业务发展前景可期 [EB/OL]. (2019-06-12). http：// www. lin-yang. com/news/industry/21137. html.

❷ 泛在电力物联网建设大纲（节选）[J]. 华北电业，2019（03）：20-29.

❸ 张园. 建设"三型两网"构建能源互联网商业新生态 [J]. 能源研究与利用，2019（03）：14-15，17.

5.7.3　建设好双创示范基础

1. 开放共享实验研究资源

面向全社会开放 100 个实验室，包括 19 个国家级实验室。按照国家重点实验室开放共享有关要求，完善实验室基础设施共享机制，将国家电网公司实验室资源纳入国家实验资源共享平台，提升实验资源使用效率。鼓励社会各界积极参与共建该公司各级实验室。

2. 开放合作科技项目研究

联合社会各类创新主体，共同开展国家级重大科技项目、能源互联网技术研究框架项目、电力物联网建设大纲项目和公司科技指南项目实施，对外合作科技项目在该公司年度项目中占比不低于 60%。面向全社会发布国家电网公司年度科技成果报告，共同促进科技成果的孵化转化和应用。

3. 开放实施科技示范工程

面向全社会发布并共同实施 10 类科技示范工程，涵盖新能源友好并网、综合能源服务、友好并网型储能、源网荷储协同控制、电动汽车与电网友好互动等领域，在示范工程的规划设计、技术攻关、装备研制、投资运营等环节加大开放力度，带动全行业共同发展，推动国产装备走向国际高端行列。

4. 开放应用全社会新技术

面向全社会广泛征集新技术，将优秀创新成果纳入该公司新技术目录，并在该公司系统推广应用。建立开放、透明、公正的新产品挂网试运行管理流程，健全完善运行成效评估机制，全面畅通新技术推广应用渠道。落实国家有关政策要求，联合行业高端装备企业，推动高端装备进入国家首台（套）重大装备示范应用目录。

5. 合作共建能源电力创新共同体

联合央企及国际国内上下游企业、高校、科研院所，建立联盟、研究机构等多种形式的能源电力创新共同体，探索项目柔性组织模式，合作开展国家"科技创新 2030"智能电网重大项目、国家自然科学基金委-国家电网公司智能电网联合基金等项目研发，培育能源互联网领域重大原创性成果，促进行业技术发展和学科进步。

6. 合作共建国家双创基地

联合社会力量在国家战略布局地区共建电力物联网双创中心，吸引超过百支优秀创新团队入驻，推进产学研用协同攻关，强化创新成果的落地转化。围绕能源互联网产业发展方向，积极与政府和社会投资机构共建双创产业园，全面支撑电网新兴业务发展，形成区域覆盖、各具特色、协同创新的格局。

7.合作共营科技创新企业

鼓励社会投资者与国家电网公司科技型企业建立混合所有制企业，打造科学灵活的股权架构和激励模式，激发创新活力和发展动能。围绕电力物联网产业发展方向，遴选具有较强竞争力和成长性的公司中小企业，共同推动上市工作。联合社会资本共同孵化培育，推动双创中心和双创产业园中的高科技企业在科创板上市。

建设电力物联网，通过与智能电网的融合，实现电网的数字化、网络化和智能化。通过对能源系统和电力系统的全面感知，用数据驱动和人工智能的方法改变电网传统的运行模式，把电网打造成源网荷储全程在线、设备和装置全程在线、产业与生态全程在线的平等互联的平台。使电网成为能源输送和转换的枢纽，社会经济和民众需求的共享平台。驱动电网从传统的工业系统向平台型转化，支撑供给侧和消费侧的连动，高效连接新能源、各类储能、电动汽车、电能替代、能效互动等元素和服务，开放共享并高效地实现供需匹配❶。

5.8 数 据 共 享

基于全业务统一数据中心和数据模型，全面开展数据接入转换和整合贯通，统一数据标准，打破专业壁垒，建立健全公司数据管理体系，打造数据中台，统一数据调用和服务接口标准，实现数据应用服务化。建设企业级主数据管理体系，支撑多维精益管理体系变革等重点工作。开展客户画像等大数据应用，开发数字产品，提供分析服务，推动数据运营❷。

5.8.1 建立数据管理体系

全面启动电力物联网数据应用服务环境建设，建立数据管理体系、业务系统备库、数据仓库模型，实现数据资源整合、安全共享、精准服务，统筹大数据应用管理，实现"数据一个源、电网一张图、业务一条线"，为电力物联网提供科学高效的数据支持和服务。

聚焦"三型两网、世界一流"企业建设，积极推进"1001工程""变革强企工程"，结合"放管服"改革、多维精准管控体系变革，加强数据管理，消除数

---

❶ 国孚电力. 国家电网发布加强科技创新开放合作八大举措［EB/OL］.（2019-05-28）. http://www. sohu. com/a/317097971_100016667.

❷ 泛在电力物联网建设大纲（节选）［J］. 华北电业，2019（03）：20-29.

据壁垒，实现数据共享。该公司调研华为、中兴等知名企业数据管理的先进模式和经验，结合企业内外部、业务上下游、利益相关方数据需求，构建数据管理体系，建立数据运维管理机制，出台管理制度标准，组建数据运维支撑团队，开展数据应用培训、管理制度宣贯，明确数据管理责权，逐步实现数据资产主业化运维。

盘点信息系统和数据资源，坚持"全量汇聚"，除人资、监察、审计专业根据有关要求自行确定数据接入范围外，其余专业从源头上全量接入数据中心；搭建业务系统备库，在不影响原系统安全的前提下，利用数据复制技术将源端系统全量数据镜像到业务系统备库，实现了源端系统与数据中心解耦，消除了数据接入对源端系统造成的安全冲击；坚持"急用先行"，现阶段重点完成营销、运检、交易、信通专业源头数据全量接入，后续将完成其余专业源头数据全量接入。

以数据应用为创新驱动，贯通业务数据链路，构建数据仓库模型，实现数据自动加工形成业务宽表；以共享为原则，不共享为例外，组织专业部门确定数据共享范围，制定数据共享负面清单，确保商业秘密、客户隐私不泄露；编制数据资产目录，做好数据分类、分级授权访问，在企业内部实现线上浏览、获取数据；加强外部数据集中管理，实现数据接入"只进一个门"、数据报送"出自一个源"。

大力营建融合开放的数据应用服务环境：编制数据地图、可视化数据目录，用一张图形式全景展示各类数据；定期发布数据质量核查报告，开展数据质量评价考核，提升数据计算、分析、展示、服务能力，实现数据应用需求快速响应；聚焦"两网"融合、智慧能源小镇建设、综合能源服务中心建设、营商环境优化等重点工作，在关键领域培育出数据应用成果和典型经验，为"三型两网"建设提供数据服务新动能❶。

5.8.2 加快统一基础数据管理平台

要加快建设统一的基础数据管理平台，形成平等、共享的创新创业氛围。以往电网企业在数据利用方面以业务系统设计的功能为主，数据可二次利用程度较低，不利于不同部门、员工开展商业模式创新。产生这种情况的主要原因是各信息系统的数据编码、元数据规则不同，且一些信息系统在初期开发就将功能固化难以二次修改完善。未来，围绕基础数据的融合、共享是开展商业模

---

❶ 本刊编辑部. 落实战略目标全面部署泛在电力物联网建设 [J]. 农电管理，2019（05）：9-15.

式创新的重要前提与基础。一方面，建设统一的基础数据管理平台，以全面、准确、实时、高效为原则，整合现有信息系统，对数据资产中涉及敏感信息的经营管理与客户数据可采用清洗、脱敏、建模等技术手段，保证处理后的数据能够被公司大多数部门与单位共享；另一方面，加快形成数据资产创新创业机制，鼓励各单位建立以产品需求、应用需求为导向的数据资产开发小组，提高数据资产的利用效率与质量。

电网企业要顺应大数据发展趋势，立足企业，服务社会，深化大数据商业模式创新，将能源大数据作为实现企业发展战略的催化剂，发挥对"全球能源互联网"建设、"两个替代"方面的助推作用，将数据资产作为推动传统产业转型升级、建设创新型社会的驱动因素，全面提升服务客户、服务社会的水平❶。

5.9　基　础　支　撑

在感知层，重点是统一终端标准，推动跨专业数据同源采集，实现配电制、用电侧采集监控深度覆盖，提高终端智能化和边缘计算水平；在网络层，重点是推进电力无线专网和终端通信建设，增强带宽，实现深度全覆盖，满足新兴业务发展需要；在平台层，重点是实现超大规模终端统一物联管理，深化全业务统一数据中心建设，推广"国网云"平台建设和应用，提高数据高效处理和云雾协同能力；在应用层，重点是全面支撑核心业务智慧化运营，全面服务能源互联网生态，促进管理提升和业务转型❷。

5.9.1　在感知层打造新型智能配变终端

在感知层，新型智能配变终端的核心技术体现为四个方面：自研芯片，更安全；自研操作系统，更开放；边缘计算架构，易集成；端-云协同机制，更快速。

新型智能配变终端采用双核 CPU，低功耗，适配工业级场景，同时集成国网安全芯片，支持配变终端双通道身份认证和数据加解密处理，且与配变终端内的安全代理服务相依赖，满足终端与主站交互协议的转换和安全防护要求，多维度保障配变终端的应用和信息安全。

新型智能配变终端内置边缘计算操作系统（ECOS），通过 eSDK 对外开放系统应用程序界面（API）及设备硬件接口，供第三方 APP 调用，同时通过标

❶ 孙艺新. 电网大数据与商业模式创新［J］. 国家电网，2015（11）：50-52.
❷ 泛在电力物联网建设大纲（节选）［J］. 华北电业，2019（03）：20-29.

准消息机制实现 APP 之间的解耦。基于轻量化的 Linux 容器技术,支持各类 APP 灵活部署,充分发挥就地计算的优势,以配电台区为单位,对各类采集数据进行本地化综合分析与智能决策。

新型智能配变终端基于开放的边缘计算架构,兼容各种计量方案(专用的计量芯片方案、通用 DSP 方案),上下行通信功能模块化,支持直接更换和升级;同时交采、电源、上下行通信接口标准化,预留扩展可能,例如支持 PLC-IoT(电力线通信物联网)、RF 等上下行接口扩展,从而可灵活接入充电桩、三相不平衡治理装置、漏电保护器等各类低压智能设备的运行数据,实现设备间的即插即用、互联互通。

新型智能配变终端对下实现数据全采集、全管控,对上与配电主站实时交换关键运行数据,减少主站计算压力、增强了计算的实时性,满足需求快速响应,实现端-云之间关键信息交互、基础数据共享❶。

5.9.2 在网络层深化通信技术创新

在网络层,在深化通信新技术创新应用方面,国网将研究全业务电力物联网体系架构,开展顶层设计,推进试点示范,构建标准体系。作为构建全业务电力物联网的重要战略举措,公司将立足电网安全,加快电力无线专网建设,到"十三五"末建设覆盖 C 类及以上供电区域的电力无线专网,基本解决通信"最后一公里"问题。

国家电网公司将协同推进传统业务、新型业务、基础平台、基层示范 4 个领域 68 项"互联网+"创新工作。其中,传统业务领域,重点推进"互联网+"电网规划、业财融合、智能运检、营销服务、电网基建、电力物资、电力交易 7 个方面 14 项创新任务。新型业务领域,重点推进智慧车联网、电子商务、云上 95598、智能制造、资金结算 5 个方面 5 项创新任务。基础平台领域,重点推进全业务统一数据中心、国网云、全业务电力物联网、移动互联应用、"双越之星"双创线上平台、前瞻技术研究 6 个方面 16 项创新任务。基层示范领域,重点推进综合示范和专项试点两个方面 33 项创新任务。同时,公司将组织力量在云计算、移动平台、量子通信、人工智能等方面开展研究与工作❷。

5.9.3 在平台层建设云平台

在平台层,公司始终认真贯彻落实党中央、国务院各项决策部署,高度重

---

❶ 搜狐. 国网供电水平难敌南网 华为壮志升级智能配电网何时助两网赶超欧美日?[EB/OL].
(2019-06-23). http://www.sohu.com/a/322515985_764234.

❷ 王成洁. 打造"以客户为中心"的现代服务体系 [N]. 国家电网报,2018-02-13(008).

视信息化工作，将信息化作为增强企业核心竞争力、实现管理创新、推动科学发展的重要抓手。建设"国网云"是公司深入贯彻落实网络强国战略、推动信息化和工业化深度融合的重要举措。在后续工作中，要坚持贯彻习近平总书记关于网络安全与信息化工作的重要讲话精神，坚决落实国家主管部门的工作部署；从服务能源供给和消费变革的角度出发，持续做好"国网云"研发、实施和应用工作；通过"国网云"转变信息化建设和运行模式，提高资源共享水平；切实满足电网业务需求，促进"互联网＋"创新发展；坚持自主可控，提升关键核心技术掌控能力，培育核心竞争力，提高安全保障能力。

　　未来，国家电网公司将全面建成"国网云"，打造"国网云"品牌形象，培育掌握云计算核心技术的专家队伍，依托云平台推动公司新业态创新发展，实现"资源调配更弹性灵活，数据利用更集中智能，服务集成更统一高效，应用开发更快速便捷"的目标，全面提升公司信息化水平❶。

5.9.4　在应用层提升企业智慧运营能力

　　在应用层，主要包括：企业运营方面，开展智慧人力、财力、物力和资产运营支撑系统建设，构建企业大脑，提升企业智慧化运营能力。

　　1.　在人资管理领域

　　打造"一脸全面通行"，内部员工通过人脸识别，实现公司所有楼宇、现场（施工、检修、变电站等）、信息系统等按权限通行，辅助考勤数据分析和异常监控；外部人员通过人脸识别登记，实现摄像头无感采集人员出入数据，电梯直达，施工、运维现场管控，走错间隔等异常监控。

　　2.　在财务管理领域

　　多维精益管理变革是电力物联网的价值形态，推进管理精益化到"每一个员工、每一台设备、每一个客户、每一项工作"，全面支持精准决策、精准考核和精准作业。开展多维精益管理体系变革对 ERP、财务管控、会计集中核算调整，收付款省级集中，探索金融运营增值可行性。

　　3.　在物资管理领域

　　借助全业务统一数据中心、国网云，利用大数据、移动应用、实物 ID 等技术构建具有数字化、网络化、移动化和智能化特征，集采购、物流、质控、协同、决策为一体的现代（智慧）供应链管理平台，提升招标、配送、仓储作业自动化管控程度，打造智慧供应链体系。

---

❶　新华网. 国家电网公司"国网云"正式发布.［EB/OL］.（2017-04-29）. http：// mini. eastday. com/bdmip/170429133110862. html.

4. 在电网运营方面

开展智能规划、运检、调度、交易和数字化基建支撑系统建设，推进设备数字化，提升电网运营效益。

配电网拓扑全景建模及应用，智慧环网柜综合监测，分布式光伏精益化管理。

多站合一（变电站、数据中心站、电网侧储能电站、屋顶分布式光伏电站、充换电站）建设。综合智慧能源服务示范区、配电物联网示范区实现停电主动上报。

电力输变电设备物联网建设，建成输变电物联网生态，实现变电设备、压板、运行环境等状态感知，输电线路覆冰、舞动、振动、杆塔倾斜等预警。

5. 在客户服务方面

开展新一代客户管理、新型客户体验和智能营销支撑系统建设，提升客户运营水平。

6. 在新兴业务方面

以智慧能源服务平台建设为重点，推动综合能源服务、大数据运营、光伏云网、车联网、能源金融等新兴业务发展，促进上下游业务贯通，提升产业协同能力。

5.10 技 术 攻 关

打造泛在物联网系列"国网芯"，推动设备、营销、基建和调度等领域应用。制定关键技术研究框架，完成技术攻关和应用研究，研发物联管理平台、企业平台、能源路由器、"三站合一"成套设备等核心产品，推动基于"国网芯"新型智能终端研发应用，建立协同创新体系和应用落地机制[1]。

国家电网公司将积极依托系统内产业单位和研究院所，加大与社会科研院所、高校、互联网技术公司、装备制造企业等主体的联盟合作，形成优势互补，协同开展在通信、传感、能源设备等方面的技术创新。推动攻克智能化转型的关键技术与产品。目前，国家电网公司正在统筹部署支撑"三型两网"战略落地的技术攻关与核心产品研发工作，将在智能芯片、人工智能、安全操作系统等共性技术领域，传感器、智能业务终端等感知领域，能源路由器等多能转换技术和产品研制，以及平台、数据、业务应用、安全等诸多领域加大研发开发投入，推动能源互联网相关技术和产品创新突破[2]。

---

❶ 泛在电力物联网建设大纲（节选）[J]. 华北电业, 2019（03）：20-29.
❷ 张园. 建设"三型两网"构建能源互联网商业新生态 [J]. 能源研究与利用, 2019（03）：14-15, 17.

在技术攻关方面重点开展"国网芯"智能终端研发与应用、能源路由器和新一代智能电表研发、区块链技术研究及应用等工作。

5.10.1　开展智能终端应用

"国网芯"智能终端研发与应用：开展电力物联网通信协议芯片、安全芯片、位置服务芯片及感知芯片的研发及试点验证；在终端层开展板卡（模组），北斗定位导航设备，通导一体化终端产品研制，并形成独立式边缘物理代理，支撑电网各专业位置服务应用需要；通过边缘物联代理装置，构建终端、基础软硬件平台，屏蔽底层网络差异性，为不同业务终端提供统一的标准化能力支撑，实现安全可靠全连接。基于"国网芯"的新型智能终端，（包括低压侧智能配变终端，边缘代理装置，能源控制器，能源路由器，智能开关，电能表外置断路器等，中压侧包括智能暂态录波型故障指示器、高安全视频监控单元及一二次融合智能断路器等），采用软硬件解耦及软件 APP 化设计思想，快速实现软件定义终端及边缘计算能力，同时其作为配电最强大脑，可对配电采集的数据进行运算和处理，实现边缘自制，减轻主站工作压力，提升配电的运维管控工作效率。

5.10.2　设计能源路由器和新一代智能电表

实现电能双向路由，有序用电管理，分布式电源接入，符合柔性接入，交直流混配及区域能源自制等功能，用于居民、大用户、智能楼宇等应用场景下电能路由及多能采集与控制功能。设计研发新一代智能电表。新一代智能电能表主要是非计量芯可升级，同时增加主动上报、负荷辨识、有序充电、误差自监测等功能，以支持电力物联网的建设。

5.10.3　加大对区块链技术的研究

研究基于区块链的新型能源业务模式，支撑能源互联网智能设备之间建立低成本的互相直接沟通桥梁，每个智能设备预置智能合约，实现节点之间点对点的自动化数据汇集，利用区块链和智能合约，实现能源交易数据的验证、记账、存储、维护和传输等过程，引入能源代币机制，构建分布式能源交易系统，构建支撑新型能源交易服务❶。

5.10.4　加强技术创新

国网信通产业集团作为中国能源行业重要的信息通信产品、技术和服务提供商，以新一代信息通信技术打造芯片及物联网、人工智能、大数据及云服务、

❶　搜狐."国网芯"和智能终端技术突破是泛在电力物联网建设应用创新的保障之一［EB/OL］.(2019-05-05). http://www.sohu.com/a/311801473_100140408.

通信、管理信息化、运维服务、北斗及地理信息服务、网络及信息安全、综合能源管控九大业务领域，服务智能电网和电力物联网建设，服务国家数字经济发展，并将凭借深厚的技术积累，不断开展技术创新与行业洞察，推动数字化与传统业务的深度融合与创新发展，更好地助力行业数字化转型与"数字中国"建设。

5.11 安 全 防 护

构建与公司"三型两网"相适应的全场景安全防护体系，开展可信互联、安全互动、智能防御相关技术的研究及应用，为各类物联网业务做好全环节安全服务保障❶。

全场景网络安全防护体系是适应国网公司"三型两网"建设目标开展的网络安全防护建设，从可信互联、安全互动、智能防御 3 个方面开展相关技术的研究及应用，为各类物联网业务做好全环节安全服务保障。全场景网络安全防护体系目标如图 5-3 所示。

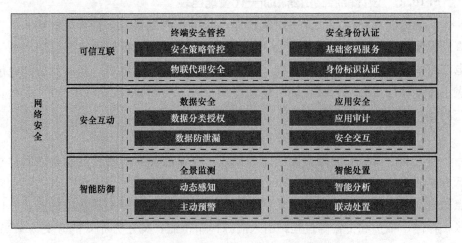

图 5-3　全场景网络安全防护体系目标

可信互联：规范电力物联网的终端安全策略管控原则，构建基于密码基础设施的快速、灵活、互认的身份认证机制。

安全互动：落实分类授权和数据防泄漏措施，强化 APP 防护、应用审计和

---

❶ 泛在电力物联网建设大纲（节选）[J]. 华北电业，2019（03）：20-29.

安全交互技术，实现"物—物"、"人—物"、"人—人"安全互动。

智能防御：实现对物联网安全态势的动态感知、预警信息的自动分发、安全威胁的智能分析、响应措施的联动处置。

电力物联网面临多种多样的信息安全风险，对照电力物联网的架构，从感知层、网络层、平台层、应用层分别明确防护重点，按照电网业务网络安全管理要求，建立全面的网络安全防护体系，开展可信互联、安全互动、智能防御相关技术的研究及应用，提出体系化的安全防护措施，筑牢"三道防线"，及时发现恶意的攻击行为并快速处置，保障公司网络安全。

重点构建基于密码基础设施的快速、灵活、互认的身份认证机制，落实数据分类授权和数据防泄漏措施，强化 APP 应用防护，实现对物联网安全态势的动态感知、预警信息的自动分发、安全威胁的智能分析、响应措施的联动处置，全面提高电力物联网的综合防御能力。同时结合全生命周期的安全服务，保障物联网内数据从采集、传输、整合到应用的全过程安全，构建覆盖"端-边-网-云-智"的全场景的网络安全防护体系。其总体架构如图 5-4 所示。

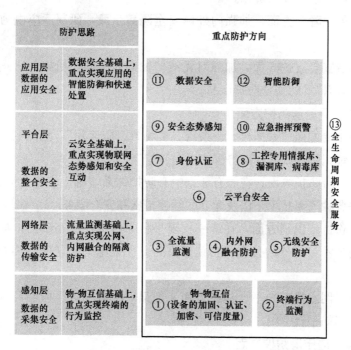

图 5-4　全场景网络安全防护体系总体架构

5.11.1　感知层防护方面

感知层主要面向物联终端层面，针对包括物联终端监测设备和物联智能终端的本体防护、访问控制等，重点实现物-物互信和终端行为监控。

（1）本体防护层面，采取防外力破坏、防丢失的物理保护装置，保证物联终端和设备的物理环境安全，实现物联终端的本体防护。

（2）物-物互信方面，重点通过各类安全芯片实现，针对物联网终端的高性能智能化、低功耗灵敏化两个发展趋势，面向不同种类终端研发多种轻量级的算法芯片，结合 PKI、CPK 等密钥管理体系，实现终端的本体和行为防护。

（3）终端行为监控方面，针对物联网终端通信协议的多样化开展产品完善，实现行为建模、异常发现和智能分析。

5.11.2 网络层防护方面

网络层主要面向电力物联网中数据传输的各种通信安全，重点实现全流量监测，公网、内网融合的隔离防护和无线安全防护。

（1）全流量监测方面，结合探针设备和物联边缘代理网关，完成面向电力规约指令级深度解析技术研究。

（2）内外网融合方面，加强内外网安全隔离手段，研制适应电力物联网的隔离产品。

（3）无线安全防护方面，加强对无线传输的安全防护措施，研发实现面向5G 等移动通信技术的安全防护产品。

5.11.3 平台层防护方面

平台层主要面向"一平台、一系统、多场景、微应用"，重点实现云平台安全、身份认证识别和物联网态势感知平台。

（1）云平台防护方面，在原有数据中心防护体系基础上完善分区分域隔离、容器隔离等各种隔离技术，以及配套的管控措施和安全服务。

（2）身份认证识别方面，在统一权限平台等传统产品基础上，加强新型生物特征识别技术和对外的公众身份认证平台，保证电力物联网各类业务的"实人"安全。

（3）物联网态势感知平台建设方面，加强对物联网数据监测和分析，构建物联网态势感知平台。

5.11.4 应用层防护方面

应用层主要面向用户侧移动应用、业务应用等，重点实现数据安全、智能防御和安全联动处置。

（1）数据安全防护方面，进一步加强数据分类授权和防泄漏措施建设，加强数据安全全生命周期管理。

（2）智能防御方面，加强面向物联安全风险的大规模验证技术研究，提升安全防御智能化水平。

（3）全联动处置方面，加强应急指挥预警能力建设，提升安全设备联动处置能力，保障应用安全❶。

---

❶ 殷树刚，许勇刚，李祉岐，李宁，孙磊，刘圣龙，王利斌，冯磊. 基于泛在电力物联网的全场景网络安全防护体系研究［J］. 供用电，2019，36（06）：83-89.

6 案 例

6.1 新奥集团中德生态园泛能网工程项目

6.1.1 中德生态园概况

中德生态园位于青岛市西海岸新区，2010 年 7 月由中德两国政府建立，是我国第一座和欧盟国家共建的中外合作产业园区。建立初期 11.6 平方公里，2014 年扩区，总面积 29 平方公里。目前一期已开工建设，规划 2020 年全面建成；二期正在同步编制控规、市政专项和竖向规划。2014 年 2 月，中德生态园获批为"国家绿色生态示范城区"；2015 年 4 月，西海岸新区入选首批国家级生态保护与建设示范区。绿色发展、低碳示范是中德生态园的重要职能。中德生态园效果总平面图如图 6-1 所示。

图 6-1 中德生态园效果总平面图

中德生态园位于西海岸新区内四大可集中利用空间，又临近小珠山水库、抓马山等重要生态敏感区。依山傍海，丘陵地貌为主，中部抓马山和老君塔山山前地区沟壑密布；地处流域分水岭附近，河短流急，小型库塘较多，本地水资源不足；现状多为农林用地，但林地品质较低。整体而言山水林田湖皆备，虽生态价值一般，但宜居价值较高。该生态园在引进德国先进的绿色建筑技术及规划理念的基础上，结合青岛地区所特有的自然资源进行生态园的建设。主要目的是建设具有推广发展意义的生态园，努力促进绿色建筑在青岛地区的发展和建设。以中德生态园的建设为模板，打造出一个适宜居住、耗能少、具有科技智慧的园区。

6.1.2 中德生态园泛能网技术介绍

泛能网是利用能源和信息技术，将能源网、物联网和互联网进行高效集成形成的一种新型能源互联网，是现代能源体系的解决方案。它是由能源层、控制层、互智层三层网络结构组成，其主要系统构成包括泛能机、泛能站、泛能能效平台、泛能云平台。泛能机能实现多种化石能源、可再生能源、环境势能等的多源输入，同时完成气、电、冷、热等多品位能源的输出。泛能站和泛能能效平台通过燃料化学能的梯级利用及对环境势能的借势增益，将整体能源利用效率由传统热电分产的40%～60%提高到85%以上。泛能云平台基于大数据和云计算，发现价值交换机会，提供运维、交易、数据等服务。目前泛能网技术已经开展了试点和商业应用，青岛中德生态园泛能网就是一个典型的案例。

泛能网不仅能使不同能源实现有效的结合，达到降低排放减少资源浪费，保护环境的效果，它的智能化更便于人类生活，同时又节约费用降低成本。未来能源创新的新高度是将传统能源的清洁利用，碳回收与应用，可再生能源的开发与应用，以及各种能源之间的互补与转化在统一平台上实现。在这个平台上，凝聚着人类的最高智慧。

6.1.3 中德生态园绿色生态建设模式

青岛中德生态园以打造中国"五大发展理念"践行区和中德两国"生态发展实验室"为目标，全面有效地落实绿色生态建设内容。首先，制定了一套可量化的指标体系，作为纲领性文件，引领园区建设；第二，制定了绿色生态建设管理办法和绿色生态管理流程，作为园区政府管理文件，使绿色生态指标的落实及建设合法化；第三，编制了绿色生态实施方案以及绿色生态设计、施工、运营导则，作为绿色生态建设技术的支撑文件，指导入驻园区的企业进行绿色生态技术建设；第四，成立了青岛中德生态园绿色建设研究院，对入驻园区的项目建设进行全过程技术审查，确保项目建设过程中绿色生态指标的落地；第五，结合各项目的实施及运营情况，定期对绿色生态技术指标的合理性及实施效果进行评估、反馈，及时发现并解决问题。园区绿色生态模式建设如图 6-2 所示。

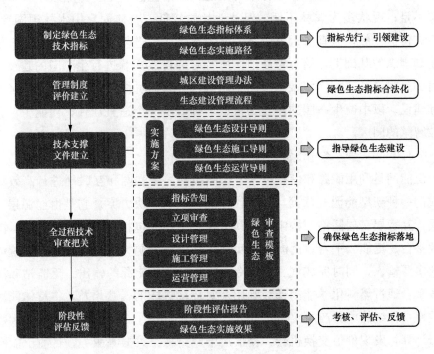

图 6-2　园区绿色生态模式建设

1. 坚持标准先行，引领绿色生态建设

园区立足"绿色""生态"两个关键因素，为确保经济、环境、资源、社会四大领域的平衡发展，先行建立了可量化的 40 项生态指标，包括 31 项控制性指标和 9 项引导性指标，其中 6 项为中德生态园首次提出。该生态指标涵盖了经济优化、环境友好、资源节约等方面，为园区的各项建设划定了"生态红线"，充当了城市规划、建设、管理等全过程的"导航仪"，并作为统领园区绿色低碳发展的纲领性文件和控制碳排放的主题主线，贯穿于各项工作。

2. 出台管理办法，保障绿色生态实施

为确保园区指标体系的有效落实、加快推进绿色生态城区建设、扶持绿色生态项目的建设，青岛中德生态园管理委员会于 2015 年 12 月正式发布了《青岛中德生态园绿色建设管理办法》。该管理办法对园区范围内的企业提供相应的优惠政策：对从事符合条件的环境保护、节能节水项目，以及购置并实际使用符合规定条件的环境保护、节能节水专用设备的企业，按照国家税收有关规定享受企业所得税优惠；对符合国家、省、市、区以及园区政策的新兴产业项目、高新技术产业项目、生态低碳产业项目，按照相关规定给予支持；对符合国家、省、市、区奖励政策的项目，协助项目单位申请相关奖励。

此外，青岛西海岸新区管理委员会对青岛中德生态园绿色生态的建设发展也给予了大力支持，对于在园区内率先落实建设的三星级绿色建筑及德国可持续建筑评估体系金奖级及以上绿色建筑给予 80 元/m² 的资金扶持，对被动式超低能耗建筑给予 200 元/m² 的资金扶持；装配式建筑生产企业可享受增值税即征即退的优惠政策；装配式建筑项目可免缴建筑废弃物处置费，享受农民工工资保证金、履约保证金减半征收的优惠政策。

3. 编制技术文件，指导绿色生态建设

在充分调研、借鉴国内外其他生态城区建设成功经验的基础上，结合青岛中德生态园实际情况，编制了《青岛中德生态园绿色生态城区实施方案》《青岛中德生态园绿色生态施工管理导则》《青岛中德生态园绿色生态设计导则》《青岛中德生态园绿色生态运营管理导则》等技术标准文件，全过程指导管理部门、设计单位、施工单位和运营管理单位的绿色生态建设，为项目单位提供强有力的技术支撑和保障。

4. 成立研究院，全过程技术审查把关

为更好地推动园区的绿色、低碳建设，确保各个项目在建设过程中落实绿色生态目标，园区学习、借鉴国内先进城区的管理经验，成立了青岛中德生态园绿色生态建设研究院，对入驻园区的项目进行全过程的绿色生态技术审查。

5. 阶段评估反馈，确保绿色生态技术指标合理性

在青岛中德生态园的建设和运营过程中，结合园区内各工程的实施情况，对已编制完成规划和指标体系实施动态评估，建立了包括每年度常态化评估、三年中期评估和五年全面修正评估的三级对应维护机制。其中：绿色生态建设的年度动态评估与年度行动计划的制定相结合，对绿色生态发展变化、规划编制体系完善、规划审批管理、年度建设情况进行总结分析，为下一年度规划建设计划、投资计划等提供依据；中期评估与近期建设规划相结合，调控近期建设重点，保障规划的近远期一致性；全面评估主要针对影响专项规划时效性的重大事项进行评估论证，适时启动专项规划修编程序，最终建立"描述—分析—评价—修订"的规划评估机制，确保绿色生态技术指标的合理性。

6.1.4 绿色生态建设成效

1. 建筑节能效果明显

依托新奥集团系统能效理论构建的中德生态园泛能网，改变了传统的能源

生产和利用方式，是全国首个智能能源系统示范项目，园区泛能网建成后清洁能源利用率达到 80.6%，可再生能源利用率达到 15% 以上，90% 的能源网络实现智能化监测，综合节能率达到 50.7% 以上，每年可节约标准煤约 15 万 t，碳减排率达到 64.6%，二氧化硫减排率为 86.1%，氮氧化物减排率为 70.8%，粉尘减排率为 81.5%，园区万元 GDP 能耗可降低至 0.23tce/万元。该项目是基于新奥自主研发的系统能效理论和泛能网技术规划建设的，以能源生产、储运、应用、回收四环节进行布局，形成能源、物质的闭环循环，最大限度地利用太阳能、地热能、生物质能等可再生能源，并通过泛能站、泛能微网、能效平台等进行动态调节和匹配，从而构建了一个高效、节能、可持续的新的能源体系和运行模式。总体能效指标如下：能源利用效率为 57%，能效提升率为 23%，环境势能利用率为 70%，碳减排率为 60%❶。

2. 有效保护和改善居住环境

青岛中德生态园生态宜居园区的建设，最大限度地保留并保护了基地的原有山脉、水源、林地、湿地、村落及历史文化。小街区尺度，打造邻里中心模式，步行范围内配套完善的公共服务设施，居民的日常活动可在主团内部完成，优化了原住区的生活环境，改善了居民出行条件，提供了良好的就业岗位和优质的教育环境，形成了"宜行、宜居、宜教、宜养、宜乐、宜购"的人居生态环境。

3. 实现中国速度和德国质量的有机融合

青岛中德生态园坚持"以我为主、为我所用"的原则，发挥中德两国政府合作平台的优势，提升园区内项目的建设速度和质量，开工 3 年完成的建设量相当于德国近 10 年的建设量。以"德国＋"引进德国企业，使之融入中国市场；以"＋德国"借力德国技术，助推国内企业转型发展，注重"德国理念、德国标准、德国技术、德资比重"。邀请德国 gmp（von Gerkan，Marg and Partner Architects，冯·格康，玛格及合伙人建筑师事务所）、SBA、Obermeyer（欧博迈亚）、Energydesign（设能建筑）等数十家世界知名设计咨询公司全过程参与园区建设，实现了中国速度和德国质量的有机融合，将园区建设成德国标准、国际特色的绿色生态园区❷。

---

❶ 林永生，王颖，王赫楠. 民营能源企业的绿色跨越与探索——新奥能源研究院调研 [J]. 经济研究参考，2016（01）：46-51.

❷ 魏存，宋培培，孙桦. 青岛中德生态园绿色生态建设模式研究 [J]. 生态城市与绿色建筑，2018（02）：61-65.

6.2 日本东京燃气集团区域性智慧能源网络

6.2.1 东京燃气集团区域性智慧能源网络概况

东京燃气集团是日本最大的燃气供应集团，负责东京及其附近区域的燃气供应。它成立于 1885 年，总部位于日本东京，总资产超过 15.7×10^8 美元，是日本最大的燃气供应商，也是世界最大的民生用燃气供应商。业务范围有：供给出售煤气，煤气用具和相关的安装工作，为城市的煤气供给提供相关的基础建设工作，能源服务以及电力供应。在长期战略中，东京燃气集团十分注重智慧能源的发展，提出了"2020 挑战展望"战略，密切关注智慧能源网络中各项技术的进展[1]。

目前，日本正从传统单一能源站走向园区智慧能源模式，园区智慧能源推进大多以燃气公司为实施主体，以既有建筑为实施对象，以区域集中供冷供热为实施内容，是国际上较成功的案例。东京燃气集团在 3 个层面上提出了智慧燃气发展思想，这 3 个层面为社区层面、办公室和工厂层面及家庭层面[2]。

在社区层面，提出通过分布式能源系统，例如燃气热电联产，以及可再生能源系统将电和热整合起来。要实现这种整合，一方面是采用多个建筑物协同优化的方法，另一方面也可以将整个建筑群视为一个能源网络，采用网络层优化算法。要实现后一种网络优化，必须借助先进信息交互技术（Information and Communications Technology，ICT），以使得社区范围内多个建筑物之间的用能达到最优。东京燃气集团已与东京港区合作，在一个以医院为核心的街区展开了示范工作。该工作主要包含两部分内容，一是能源供需管理，这主要通过智慧能源网络管理系统来实现。其主要工作原理是将整个街区视作一个整体，利用 ICT 技术综合检测系统能量供应和需求，并实时控制空调以及各种热源，是一种街区集中式控制管理手段。二是大范围太阳能的利用，包括太阳能发电及废热回收利用等。

在办公室和工厂层面，由于日本是一个自然灾害多发国，东京燃气集团为了应对随时可能出现的电力短缺，以及保障停电管制条件下的办公室和工厂连续运作，推出了"Gene-Smart"控制系统以及"Raku-Sho-BEMS"建筑能源管

---

[1][2] 高顺利，吴荣，吴波，李彦爽. 智慧燃气研究现状及发展方向 [J]. 煤气与热力，2019，39（02）：23-28，46.

理系统，以智能调节供需，达到高效率生产。"Gene-smart"系统能够在电力短缺时，最大程度利用孤网发电设备；"Raku-Sho-BEMS"系统则弥补了特殊情况下，气电联产中燃气系统的控制。

在家庭层面，东京燃气集团结合日本 ENE-FARM 项目（日本的燃料电池商业化项目）、家庭能源管理系统及太阳能发电，在横滨开展了智能公寓示范项目，以求实现更舒适、更高效、更绿色的新型家庭生活方式。东京燃气集团致力于在三个方面减少该公寓 40% 的能源消耗，包括架构设计、设备管理及使用家庭能源管理系统。前期项目试验结果表明，该公寓相比传统公寓，能耗减少了 30%，居民在供热和照明方面的花费下降，同时由于良好的通风和自然光照明，居民的舒适度普遍提升。同时，该公寓也起到了良好的宣传作用。

在我国，以燃气公司为实施主体的项目，发展以燃气为主的园区智慧能源，但由于其核心目的是销售燃气，且受到电网电力制约，大部分项目建设规模过大（特别是燃气多联供），导致供需不匹配，设备利用率低，综合能源利用率低，经济效益远远达不到预期。

东京燃气集团也认识到在推广智慧燃气、智慧能源的过程中会存在的问题。一是使人们意识到智慧燃气的价值需要一个过渡期；二是引进热气电联产存在的挑战；三是城市基础设施的建设问题。在中国，也存在同样问题，东京燃气集团的处理办法具有借鉴价值。

6.2.2　以燃气为主的园区智慧能源系统分析

园区智慧能源具有投资体量适中、分期建设投资、用能有保障、盈利较长期稳定、融资较容易、操作灵活可控、总体风险可控等优点。同时，应考虑与燃气、电网公司的合作，争取优惠气价和上网电价；在有条件的地方，应优先掌握天然垄断的配电网、燃气网和热力网，实施阻力较小，能够大大提高经济效益❶。

智慧燃气能源系统以燃气系统为核心，结合电力系统和热力系统，以燃气为园区主要动力来源，产生电、冷和热，为园区提供电、热、冷、气等综合能源供应及服务。它的优点是：燃气在园区的应用是采用冷热电多联供方式，综合能源利用效率高于 70%（一般电力系统综合效率约 33%），同时售电、热、冷，经济效益较好；燃气发电成熟稳定，可以有效解决可再生能源电力（光伏、

---

❶　曹亮，彭勇，朱毅．大中型园区智慧能源系统总体方案的研究与设计［J］．电力学报，2017，32（03）：241-247．

风电）的不连续、电能质量差等问题，高效集成互补，并提高消纳可再生能源电力；燃气是清洁能源，适用于替代园区燃煤锅炉（供热），进行大规模的供蒸汽和采暖。

以天然气为代表的燃气能源的应用在朝着清洁、高效、安全发展的现代能源体系中起着越来越重要的作用。智慧燃气是基于完善的燃气基础设施，结合高度发展的信息化和智能化技术，最终实现"安全、高效、清洁、低碳、智能"的能源服务目标。智慧燃气是能源互联网的重要组成部分。智慧燃气在能源互联网中处于中枢的位置，起着关键作用，它是热网、电网的重要纽带，同时联系着交通网，是多能耦合及智慧能源体系不可或缺的一部分。从多能耦合以及信息化的角度也可以进一步看到智慧燃气的未来发展方向。

1. 智慧燃气催生新型用户服务模式

对于用气企业而言，随着用气企业对能源利用的要求越来越高，仅仅满足安全、准时等基本要求已经不够，燃气企业必须加强其他增值服务。充分利用物联网、移动互联网、大数据、云平台等尖端手段，为用户提供诸如燃气利用效率分析、节能减排方案、燃气保险以及燃气相关设备销售和定期维护等。新的服务模式不仅强调燃气企业的参与，更注重于用户和燃气企业的双向互动与联通，强调用户体验的升级，强调创新增值服务，强调全方位、多层次为用户着想❶。新技术催生新模式，这也必将开创属于燃气的新未来。

2. 智慧燃气加强燃气系统安全可靠性

燃气企业生产运营的目标是实现全周期过程的本质安全。生产运营中，燃气的输配漏损是一大隐患，也是企业效益的一大天敌。无论是管网本身的泄漏，还是用户的偷气行为，都给燃气企业带来了很大损失。更为重要的是，燃气管网关乎燃气安全，管网泄漏、局部温度过高、局部压力过大、外界突发因素等都会带来巨大的安全隐患。传统的安全监测方法效率较低，而新兴的物联网技术及分布式智能终端，能够对管网进行实时监测，并且当发现不安全因素时，能够及时消除。不仅如此，随着分布式人工智能的发展，整个燃气网将逐渐成为多智能终端相连的大网，信号的采集、管网安全监测以及突发状况的及时控制都将智慧化❷。

3. 智慧燃气引领低碳绿色能源经济

随着温室效应的进一步恶化，世界范围内都开展了针对 CO_2 排放过多的应

---

❶❷ 高顺利，吴荣，吴波，李彦爽. 智慧燃气研究现状及发展方向 [J]. 煤气与热力，2019，39（02）：23-28，46.

对措施。尽管风能、太阳能以及核能等清洁能源被认为是理想的解决方案，但是由于技术不成熟、产业不完善或市场不接纳等诸多因素，短期内它们都不会直接改变能源大格局。天然气作为清洁低碳的优质能源，无疑是当前世界向低碳绿色能源经济转型的最佳选择。尽管同样是化石能源，相比石油和煤炭，天然气的碳排放量分别低了30％和45％，是一种较为清洁的能源。因此，采用天然气逐步代替煤和石油，是一种可行的过渡手段，在短期内能够改善地球生态环境，控制温室效应。加快扩大天然气规模，以天然气为过渡手段，逐步建立低碳绿色能源体系，是能源经济未来发展的重要方向。

4. 智慧燃气促进环境友好型绿色交通

燃气在交通体系发挥着重要的作用。CNG（压缩天然气）汽车是一种对环境极为友好的车型，它排放的污染物比起传统的燃油车要低很多，其中二氧化碳的排放量减少了约25％，而且CNG汽车几乎不排放硫化物。相比同样清洁的电动汽车，CNG汽车的技术明显更为成熟，考察全生命周期同等排放条件下，它具有比电动汽车更低的成本。

5. 智慧燃气推动多能耦合，能源互联

能源互联网是为了实现多能互补，智能耦合。与传统的电网、气网和热网相对孤立的情景相比，能源互联网是三者的强耦合。智慧燃气将在能源互联体系中发挥重要而关键的作用。由于可再生能源的随机和间歇性，以其为核心的分布式能源必然要求与之配套的储能，在电力负荷的高峰期释放能量缓解电网压力，低谷期储存能量以消除电网峰谷差。尽管有着多种储能方式，但真正要达到网络层面，实现与大电网相匹配的储能，首选与之规模相近的天然气。燃气除了其灵活性以外，它还与热网系统有着极为密切的关系。通过燃气锅炉燃烧燃气可直接转化为热能，通过热电联产可转化为电和热，通过燃料电池也可以直接将化学能转变为电和热。因此，燃气能使能源互联网更为灵活，实现灵活应对电网、气网、热网存在的不稳定现象，协调能源分布。要实现真正意义上的多能耦合，智慧燃气是不可或缺的一环。

目前，我国大多数园区，特别是工业园区，热能需求往往大于电能，且热能的难题远大于电能，因而在推进园区智慧能源系统的过程中，热力局域网的迫切性要高于电力局域网。天然气是一次能源，我国燃气管网覆盖面积广，仅次于电网和交通网，以燃气公司为主体推进能源互联网建设，可以使互联网理念在用户终端（园区）能源领域的渗透更深入、更彻底。规划设计中应摆脱常规贪大求多的规模效应思维，立足于可确定负荷，并最优化减小天然

气冷热电多联供系统的规模，减少总投资；要结合既有建筑和工业节能改造，构建跨边界的一体化节能改造框架体系，减少因园区新扩建缓慢而产生的负荷率长期较低的风险。

6.2.3 区域性智慧能源系统总体方案分析

1. 区域智慧能源系统架构

区域智慧能源系统利用智能配电网、综合信息网和冷热管网连系各分布式能源站、分布式光伏（风力）发电系统和各冷热电能源用户，并借助配电自动化系统、能源综合优化调度管理系统、用户侧用能管理系统和网络运营平台，实现园区综合能源系统的灵活可控，促进清洁能源的开发，实现电能、热（冷）能等的综合利用、相互转化和存储，全面降低园区内的用能成本，提升经济效益，减少污染物排放。区域智慧能源系统的总体架构如图6-3所示。

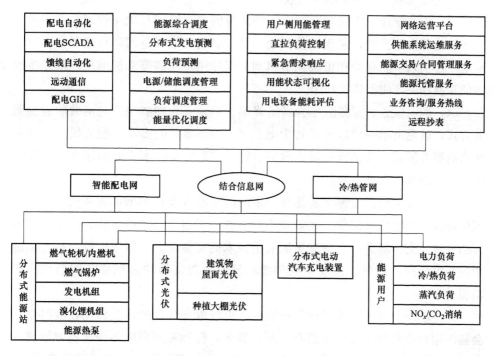

图 6-3 区域智慧能源系统总体架构图

2. 区域智慧能源系统主要功能

区域智慧能源系统面向政府、能源消费者、能源运营商、能源产品商4类用户，针对不同用户的差异化需求提供综合能源服务。系统主要功能包括：能源监控、能源分析、能源管理、能源服务、能源交易、能源生态❶。

（1）能源监控。能源监控是系统的基础功能模块，通过对"冷热电气"横向贯通、能源"产-输-储-用"纵向延伸，实现可度量的多维实时全景能源监测；掌握能源生产侧与终端消费侧的实时运行状态，系统提供科学、翔实的能源数据，基于区域地理信息与可视化技术，实现对区域内能流全景监控、区域多能供需监控、区域能耗能效监测、企业/用户能耗监测、告警预警等，支撑政府部门精准决策；支撑企业全面监管自身能耗，提高能源使用的经济性和有效性。

（2）能源分析。能源分析基于云平台获取的海量能源数据资产，利用大数据和人工智能技术，结合专家团队，提供专业化、可视化、智能化的能源分析报告，开展区域能源智能分析、企业能源智能分析、综合能耗能效分析、异常用能智能分析，为政府未来能源布局、产业规划等重大决策提供支撑，帮助用户节约用能成本、提高能源利用效率。

（3）能源管理。实现对区域内多种能源的接入管理和优化管理，进一步开展多种能源协调互补，实现多能联动，综合展现区域微电网运行场景；构建虚拟电厂，引入多能联动和市场调节机制，引导用户开展需求侧响应，最终实现多能互补和综合能源梯级利用。

（4）能源服务。能源服务为满足终端客户多元化能源生产与消费的能源服务方式，就是由单一售电模式转为电、气、冷、热等的多元化能源供应和多样化增值服务模式。包括能源接入服务、能源定制服务、客户画像服务、设备代维服务、能源讯息推送等。

（5）能源交易。能源交易是在一定的门槛准入条件和辅助服务机制下，为区域内分布式能源（储能）和能源用户在统一平台上提供冷、热、电等多种能源的一站式交易服务，支持基于区块链技术的交易模式，体现能源交易公正透明、有序协同的特征。主要包括能源结算、电能交易和区域能源配额交易等功能。

（6）能源生态。发挥用户发布需求，市场服务对接的纽带作用，吸引全社会能源用户和各类能源服务商在此开展服务，使能源用户能够快速找到能源服务商，能源服务商也能精准定位目标客户；包括产品发布、上下游厂商管理、资讯发布、智库咨询平台等功能模块。

---

❶ 刘晓静，王汝英，魏伟，闫松，张立，张海涛，刘万龙. 区域智慧能源综合服务平台建设与应用[J]. 供用电，2019，36（06）：34-38.

3. 区域智慧能源系统应用探索

（1）电能质量监测。电力需求侧管理的快速发展，也促使电力需求侧需要实现独立的电能质量检测，满足自身需求与完善电力需求侧管理。在需求侧开展电能质量监测，通过对能源数据的监测、采集和处理，并生成各种电能及电能质量报表、分析曲线、图形等，便于电能质量分析、研究和预警。

（2）能耗分析。通过对用户的用电、用水、用气等能源数据开展实时监测，利用大数据分析技术，开展区域能耗分析，对区域总体能耗、各行业能耗、各类型用户能耗、企业能耗开展监测分析、对比，及时帮助政府掌握区域能源供需动态，支撑政府部门开展区域节能降耗、优化能源结构等监管工作；帮助企业了解自身用能特点，提高用能效率。

（3）虚拟电厂。基于区域内分布式能源、可控负荷、储能等主体的聚合和协调优化，配置相应的市场机制，建设虚拟电厂体系，通过调节特定的虚拟电厂出力，实现区域电力削峰填谷，减少城市用电对电网投资的依赖，实现区域能源优化调度、平衡负荷、多能互补，体现智慧能源调度的特点❶。

（4）智能运维。通过平台为用户提供智能代运维服务，通过对客户能源网的测量，使平台汇集客户能源数据，以此为媒介为客户提供智能化的运维托管服务，对客户电网及能源系统进行优化协调控制。满足电力用户的两个根本需求：用电保障安全可靠，用电经济高效。

6.2.4 区域智慧能源发展新思路

物联网、大数据和云计算等互联网技术与信息技术、数字技术深度融合，引发了能源系统的深刻变革。电力体制改革的深化及多元化市场服务需求进一步推进能源企业向智慧能源综合服务商转型。开展智慧能源综合服务已成为提升能源效率、拓展新业务的增长点，成为促进竞争与合作的重要发展方向。

区域智慧能源综合服务平台应紧跟国家电网有限公司"三型两网"发展战略，融入电力物联网的建设思路，以能源物联网和时空信息为基础，集能源监控、能源分析、能源管理、能源服务、能源交易、能源生态"六位一体"，贯穿能源产业服务全过程，以时空智能分析能力提高能源管理效率和降低用能成本，构建能源管理中心和能源市场在线交易平台，能够为政府、能源消费者、能源运营商、能源产品与服务商等能源领域四大类用户，提供绿色、安全、经济、高效、增值的综合能源信息化智慧服务，构建共赢、共享的能源生态圈。

---

❶ 刘晓静，王汝英，魏伟，闫松，张立，张海涛，刘万龙. 区域智慧能源综合服务平台建设与应用[J]. 供用电，2019，36（06）：34-38.

智慧能源综合服务平台架构按照感知层、网络层、平台层、应用层 4 层总体设计，以标准规范体系为基础，以安全防护体系为保障，集成对接内外部相关系统，架构柔性可靠易扩展，满足不同用户的差异化需求。智慧能源综合服务平台总体架构如图 6-4 所示。

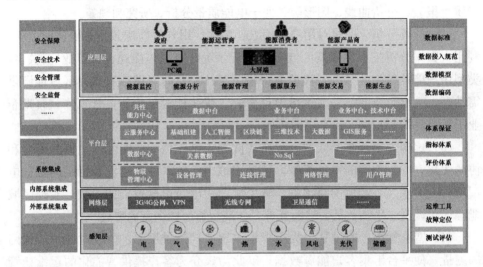

图 6-4 智慧能源综合服务平台总体架构

感知层适配冷热气电等多种能源智能终端，实现能源信息标准采集与智能控制。网络层应用标准化通信规约和多类型网络传输技术实现设备、平台、服务间的互联互通。平台层构建智慧能源数据中台，支撑智慧能源服务。在应用层，以 PC 端、移动应用端和大屏幕系统等设备为系统展现层，为政府、能源消费者、能源运营商、能源产品与服务商提供满足业务需求的应用系统。

6.3 苏州同里区域能源互联网示范区

6.3.1 项目概况

2016 年 11 月，吴江经济开发区发布《同里新能源小镇建设发展规划》，规划建设小镇面积约 176 平方公里，能源供应范围扩展到同里镇域和吴江经济开发区。2016 年 12 月份，苏州与国家电网公司签署了共同建设苏州国际能源变革发展典范城市战略合作协议，而同里新能源小镇则是典范城市建设的重要组成部分。

能源清洁低碳转型是全球能源发展的必然趋势。同里综合能源服务中心的建设也是基于清洁低碳的理念，在这里展示着一批世界级能源创新项目。进入同里综合能源展示中心，首先看到的是新型区域能源互联网的动态展示平台。同里镇综合能源服务云平台如图 6-5 所示。

图 6-5　同里镇综合能源服务云平台

区域能源互联网的构建引入了能源路由器，替代了传统的交流互动变压器。同时，区域能源互联网还包含了低压直流配电环网、中低压交直流配套，以及源网荷储协调控制系统等新的元素。源网荷储协调控制系统是能源互联网的"指挥部"❶，实现了冷热电多种能源资源的协调配置，通过对电网端、电网运输端和客户负荷端三方的监测、分析、智能判断，让电网运行得更智能。中低压交直流配套相当于一个"万能插座"，借由能源路由器可保证分布式电源和多元负荷的即插即用。低压直流配电环网则可以实现 ±750V 直流配电网络合环运行。

在同里综合能源服务中心还搭建有省级综合能源服务平台，连接了综合能源服务商及企业，具备数据采集、存储及服务功能。这一平台将政府机构、社会公众、园区企业及综合能源服务厂商联系在一起，通过数据的交互及数据产品的交互，实现各方对能源的共同管理。平台的整体架构首先是从数据的采集开始，通过深入用户内部采集数据，了解用能情况。将采集来的数据放到云平台里，专业的数据分析人员会经过分析得出规律性的方向，从而针对不同受众提出不同的应用和服务。

在运行界面可以看到，平台的主要内容包含五个模块，分别是：区域能效

---

❶ 周晓兰. 国网苏州平台化综合能源服务出世 ［J］. 能源，2019（05）：24-26.

全景模块，让政府可以了解区域、行业的宏观情况；企业能效监测分析模块，帮助企业了解内部能耗结构；综合能源线上商城，将企业和综合能源服务商联合在一起；综合能源管理模块，则是进行综合能源服务的主体平台；社会公共服务应用板块，实现了面向社会公众的数据共享。这一平台则将利用市场化运作方式，加快能源大数据变现，逐步开展能效监测、基于数据挖掘的增值服务以及金融衍生三个方面的业务，从而实现回报收入。

6.3.2 "多站合一"全直流预制式数据中心

国内首个"多站合一"全直流预制式数据中心在苏州同里区域能源互联网示范区投运。该中心也是江苏综合能源数据平台的重要组成部分。"多站合一"能源系统全景如图 6-6 所示。

图 6-6 "多站合一"能源系统全景

作为江苏综合能源服务平台的数据"收集池"❶和"中转站"，各类能源数据在这里汇总。除电力系统内部数据外，该中心还将采集宏观经济、气象等外部数据，客户侧设备用能数据，以及园区级专项子系统、社会能效服务商系统、各级政府平台等能源数据，并传输至全省综合能源服务互动共享中心进行分析处理，实现对全省综合能源数据的统一管理、综合能源客户的统一服务，进而形成"设备-用户-行业-区域"全方位综合能效评价体系应用。

同时，该中心连同电力电子变压器、储能系统，组成了"多站合一"能源系统，成为同里示范区新能源"微生态圈"的核心，并与多个微网互联，形成信息和能量高度互联互通的能源微型"立交桥"。数据中心基于全直流供电模式

---

❶ 北极星输配电网. 国网江苏电力投运"多站合一"全直流预制式数据中心 构建能源数据云的探索与实践 [EB/OL]. (2019-07-23). http://shupeidian.bjx.com.cn/html/20190723/994587.shtml.

建成,在国内属于首创。直流供电具有能源转换效率高的优点,其传输、转换的损耗可降低约10%,对于数据中心这样的"用电大户"来说更为经济。目前各类数据中心规模急剧增大,功率密度要求不断提升,传统供电系统已不能满足负荷需求。示范区内光伏、光热、风电等新能源及预制舱式储能等装置,提供了更稳定的电源,也减少了数据中心建设在不间断电源(UPS)、蓄电池等方面的资金投入。数据中心直流供电设想与新能源直流技术两者的结合,将是释放能源数据能量、构建能源结构新形态的契机。

小身材,大容量,易扩容,灵活部署,是数据中心的布局特点。相较于部署在建筑内的传统数据中心,该中心采取模块化、预制式设计,由两个标准集装箱"拼接"而成,吊装、调试只需几天时间,可根据实际需要快速转场、重新部署,通过预制舱模块的累加,还可以成倍扩容升级。

6.3.3 微网路由器

微网路由器学术名称为电力电子变压器❶,可以实现多种电压等级与交直流电源之间的自由变换。普通的路由器分发出来的是信号,微网路由器分发的是能源。微网路由器能够对不同类型的电流电压进行分配。微网路由器有380V、10kV两个交流电端口、±750V、±375V两个直流电端口,4个端口可进可出,可以随意对接转换。网内实现智能控制,任何一个端口出现故障都不影响其他端口继续工作,输出电压稳定,故障率低。

微网路由器电气部分包括:阀塔(1号和2号)、控制柜、固态开关(±750V和±375V)、端口模块(±750V和±375V)、内冷机、交流开关柜、充电模块等。

阀塔:电量变换核心,负责将10kV交流电压变换成±750V直流、±375V直流和380V交流等不同的电压等级,具备能量双向流动的能力。

固态开关:直流端口保护装置,端口发生直流短路故障时切断故障电流,切断电流能力达到6000A以上,响应速度达到百微秒级别。

端口模块:真双极母线,两极可分别独立运行且具备故障电流切断能力,可靠性高,电能转换效率高。

微网路由器的重要设备是阀塔内部的功率子模块,微网路由器内部有两个阀塔,分别将10kV转变成+750V和-750V,每个阀塔上各有18个功率子模块,整机共有36个功率子模块。其中有30个功率子模块处于运行状态,6个功率子模块处于冗余热备用状态。

❶ 北极星输配电网. 微网路由器:能源"立交桥"〔EB/OL〕. (2019-01-23). http://shupeidian. bjx. com. cn/html/20190123/958549. shtml.

微网路由器的创新性有以下三方面：

（1）提供不同电压等级、交直流混合的开放平台，实现了分布式能源和负荷的灵活接入与信息共享。

（2）通过微网路由器多端口协调控制，优化系统运行，实现了多个微网间能量的柔性分配和分布式能源的高效消纳。

（3）提升能效，减少能量变换层级，降低转换损耗，提升传输效率，促进区域内分布式能源的多能互补，提升了系统综合能效。

微网运行中，由于新能源设备的接入，微网中常出现较大功率波动。交直流混合微网路由器需很好地协调各微网间能量流动，且维持各微网电压支撑，保持交直流混合微网系统的稳定运行。

未来电网将有大量的可再生能源及储能设备接入，大量可再生能源接入电网后，会带来一系列的调控问题。微网路由器架起了多电压等级、交直流混合系统的桥梁，能够灵活、精确地控制微网间功率的双向流动，解决分布式能源接入和利用的一系列问题。可以说，微网路由器是多系统连接的"立交桥"，也是能量流动的"指挥官"。通过微网路由器，可以实现分布式电源与用电直接连接，降低能源转化消耗，提高能源利用率。微网路由器可将江苏同里园区的清洁能源消纳率提升到100%，综合能效提升6%。

6.3.4 梯次储能电站

自电动汽车市场蔚然成势以来，动力电池退役后的梯次利用，已成为政府、企业和研究机构各界都需要面对的重大课题。将电动汽车退运电池应用到电力储能，既可以降低储能电站的投资成本，又可以最大化地利用电池资源，减少环境污染❶。目前，我国已经有一些示范项目的先期探索，并建成了百千万级的梯次利用电池储能电站。

梯次利用动力电池储能作为储能的一种形式，其主要功能与储能一样，本质上是为了解决能量在时间和空间上的分布不平衡，而不仅仅是能源存储的功能。在电力系统中，运用储能技术可以有效地实现用户需求侧管理，消除昼夜峰谷差，平滑负荷，降低供电成本；同时可以促进可再生能源的利用，提高电网系统运行的稳定性并提高电网电能质量，保证供电的可靠性。

对于梯次利用电池储能电站项目而言，其全寿命周期过程包括项目建设投资阶段、运营阶段及报废阶段。

---

❶ 李娜，刘喜梅，白恺，董建明，孙丙香，龚敏明. 梯次利用电池储能电站经济性评估方法研究 [J]. 可再生能源，2017，35（06）：926-932.

在投资阶段，梯次利用电池储能的成本主要有电池采购成本、筛选配组成本、相关设备成本、运输成本以及建筑工程费等。在运营阶段，梯次利用电池储能运营阶段的成本主要有充电成本和运维成本。充电成本与充电电量和充电电价有关。运维成本主要包括人工费、检修维护费和备品备件的成本。报废阶段所发生的费用主要是电池及设备的残值。从电池利用全寿命周期来看，将电动汽车退运电池用于储能电站的建设，既可以降低电动汽车电池的成本，也可以降低电池储能的成本。

我国新能源汽车发展非常迅速，未来汽车退运电池将越来越多，大规模地合理处理和利用退运电池，关系到电动汽车产业链的发展。将汽车退运电池应用于储能电站，既能解决大规模退运电池的回收利用，又能解决弃风弃光问题。

梯次利用动力电池储能主要的市场应用领域有：一是组建许多电池组作为大规模应用，如应用于风能或太阳能储能站、电动汽车充电站、大规模工业用电等；二是用于满足小规模设施在峰期的用电需求，如家庭住宅、办公大楼和零售商店等。

在基站储能领域上，退役动力电池梯次利用已经得到了规模化应用，主要原因在于基站储能为备电场景，对于电池的循环、倍率等要求并不高，完全满足其应用要求，而且价格也具备足够的竞争力。梯次电池在储能上的应用，都要基于电池编码为载体，对退役电池进行检测可对退役电池的残值、信息追溯、梯次利用方案等进行全方位支持。

当前处于梯次利用电池储能产业的初期阶段，梯次利用电池储能规模较小，成本过高，技术还不成熟，使其平准化成本相对较高。为促进梯次利用电池储能产业的发展，一方面，要推动梯次利用电池储能的退运电池诊断、筛选、配组、运维等技术的进步，通过技术创新降低梯次利用电池储能的投资成本；另一方面，应制定切实可行的扶持政策，通过补贴降低梯次利用电池储能的平准化成本，激励梯次电池储能的产业发展。

6.3.5　多功能绿色充换电站

苏州同里多功能绿色充换电站发挥退役动力电池的作用，充分利用了电池价值；通过屋顶光伏、雨棚光伏和光伏幕墙发电，日发电量可达 $600kW \cdot h$，实现了绿色低碳；通过视频识别和智能调配技术，完成公交车全自动换电，换电时间 6～8min❶。绿色充换电站满足了多类型电动汽车的充换电需求，综合利用了清洁能源。

---

❶　北极星输配电网. 苏州同里综合能源服务中心吴涛：绿色充换电站组成及推广难点. [EB/OL]. (2019-01-31). http://shupeidian.bjx.com.cn/html/20190131/960578.shtml.

绿色充换电站由充放电系统、换电系统、光伏发电系统和梯次电池储能系统等组成，可为电动公交车、乘用车提供全自动换电和快速充电服务。

（1）充放电系统：共 12 台交流充放电桩、直流充放电机和虚拟同步机充电机，每天可以为 120 车次电动汽车提供充放电服务。

（2）换电系统：包括公交车和乘用车换电两种类型。公交车换电由 2 台全自动换电机器人在公交车两侧并行操作进行，换电时间 6～8min，每天可为 20 辆公交车提供 39 车次换电服务；乘用车换电时间约为 3min，每天可为 72 车次的乘用车提供充换电服务。

（3）光伏发电系统：包括屋顶光伏、雨棚光伏和光伏幕墙，总装机容量为 150kW，每天可发电 600kW·h。

（4）动力电池梯次利用电站：利用苏州和南京公交换电站已达到折旧年限的 132 箱退役电池，通过电池筛选和养护技术重新成组，建成储能电站。

绿色充换电站的充放电系统中包括虚拟同步机充电机，生活中，电动汽车充电使用比较多的是交流充电桩、直流充电机。虚拟同步机充电机可以理解为一种具备虚拟同步机功能的电动汽车充电机，而虚拟同步机功能其实是通过采用先进的电力电子技术，使含有电力电子接口的电源或负荷，具有与发电厂同步发电机相似的运行特性，参与电网调频、调压和抑制振荡等。虚拟同步机充电机可实时调节与其连接的电动汽车充电功率，乃至向电网放电。目前，虚拟同步机技术在电源侧已有应用。绿色充换电站首次将虚拟同步机技术应用于负荷侧，建设了虚拟同步机充电机和虚拟同步机路灯。以当前江苏省约 2 万台电动汽车快充桩来测算，如果全部是虚拟同步机充电机，那么参与电网调压调频的最大负荷便可达到 60 万 kW，应用前景十分广阔。

回收利用的动力电池，由于其性能指标均会有所下降，因此必然会较新电池的充放电稳定性、充放电效率有所下降。为了保证动力电池回收利用的安全稳定及充放电效率，需综合考虑各方面因素，特别选用同一公交换电站退役、同一批次的磷酸铁锂电池，并对回收的电池进行严格的筛选、检测、试验、养护，再重新成组，并不断优化完善储能建设方案。

电动汽车的储能介质其实质是车载的电池单元，类似于充电宝，也能够向外放电，需要采用一定的技术手段来实现。目前正在广泛研究的 V2G 技术，就是实现电动汽车向电网放电的有效手段。目前要实现电动汽车向电网放电，还需要车企与充电桩厂家互相配合，只有同时具备充放电的电动汽车和双向充放电的充电机，才能真正实现电动汽车与电网的友好互动。

6.4 上海市虚拟电厂全域综合需求响应

6.4.1 方案概况

根据《2019年上海市全域综合需求响应实施方案》的相关要求，在公司营销部、调控中心等部门的大力指导下，上海国网客户服务中心会同上海市各供电公司、综合能源公司，于五一前后开展了泛在电力物联网场景下的虚拟电厂全域综合需求响应，商业建筑虚拟电厂、智能有序充电用户、非工柔性空调、工业自动响应、储能、综合能源云平台、分布式用能、冰蓄冷等多种类型用户共同参与，通过对自身能源的合理分配，从单纯地使用电能变成了一个个微型"虚拟电厂"❶。

其年度实施计划基本如下：按照电网运行情况和机制建设试点需求，规模化削峰填谷与局部精准实施相结合，常态开展需求侧响应。

（1）规模化填谷响应：开展规模化填谷响应，解决低负荷时段上海电网负荷备用不足的问题，缓解本地机组减出力困难，消纳区外清洁能源。开展规模化削峰响应，解决短时高峰负荷问题，降低电网峰谷差。

（2）规模化削峰响应：在迎峰度夏或迎峰度冬负荷高峰时段，开展规模化削峰响应，解决短时高峰负荷问题，降低电网峰谷差，单次响应规模不大于100万kW。

（3）局部地区精准需求侧响应：根据需要多次开展局部地区精准响应，根据天气、负荷等方面情况，开展能源云平台、商业建筑需求侧管理（虚拟电厂）、工业自动响应、非工空调响应、智能有序充电、居民智能用电等局部精准削峰需求侧响应。充分体现源网荷（储）泛在物联与全链互动，体现"智慧响应"特色。

本次参与客户数量806个，创上海市历次响应之最。削峰响应平均减低区域负载15.06%；填谷负荷量占夜间电网低谷负荷总量的3.35%，规模化响应能力已经具备。率先开展局部精准需求响应，率先采取了竞价交易方式，在需求响应竞价交易中引入通知提前量系数，更好地适应电网运行需求，调动用户参与积极性，进一步提高了需求侧管理市场化水平。全市负荷管理终端、能源控制器、能源路由器、智能有序充电桩、用户内部用能管理系统、温感传感器、

❶ 北极星储能网. 上海开展泛在电力物联网场景下虚拟电厂全域综合需求响应 [EB/OL]. (2019-05-05) http://chuneng.bjx.com.cn/news/20190505/978285.shtml.

柔性控制终端等构建的泛在电力物联网感知层；负控无线专网、光纤专网和移动互联网构建的网络层；市需求响应平台和用电负荷管理系统构建的平台层；共同支撑了此次全链互动、自动运转的全过程"源网荷"交互。

上海电网特大型城市受端电网负荷特征日益凸显，峰谷差逐年放大，尖峰时段降温负荷

占比不断增高。虚拟电厂理念就是让电网成为用户侧可调资源聚合共享的枢纽和平台，将每个用户内可调节电力资源聚合成一个可控集合体，根据大电网运行需求和自身情况主动调节，实现"需求弹性，供需协同"和社会整体资源利用效率最优化，也为上海城市电网安全运行和清洁能源消纳提供更好的保障。下一阶段客户服务中心将会按照公司需求响应工作年度安排的要求，进一步挖掘客户侧响应资源，扩大需求响应资源库，强化能力建设实现信息系统功能升级，推进需求响应常态开展，实现泛在电力物联网建设在空调负荷调控等领域的试点应用，为公司"三型两网"建设提供专业支撑。

6.4.2　虚拟电厂

1. 虚拟电厂的概念

分布式能源单独运行时，其出力随机性、间歇性和波动性较大。当分布式能源接入目前的传统大电网体系时，电网的安全性和供电可靠性将会受到威胁。为了实现分布式电源的协调控制与能量管理，可以通过虚拟电厂（Virtual Power Plant，VPP）的形式实现对大量分布式电源的灵活控制，从而保证电网的安全稳定运行❶。

虚拟电厂的提出是为了整合各种分布式能源，包括分布式电源、可控负荷和储能装置等。其基本概念是通过分布式电力管理系统将电网中分布式电源、可控负荷和储能装置聚合成一个虚拟的可控集合体，参与电网的运行和调度，协调智能电网与分布式电源间的矛盾，充分挖掘分布式能源为电网和用户所带来的价值和效益。

2. 虚拟电厂的构成

虚拟电厂主要由发电系统、储能设备、通信系统构成。如图 6-7 所示。

（1）发电系统主要包括家庭型（DDG）和公用型（PDG）两类分布式电源。DDG 的主要功能是满足用户自身负荷，如果电能盈余，则将多余的电能输送给电网；如果电能不足，则由电网向用户提供电能。典型的 DDG 系统主要是小型

---

❶　方燕琼，艾芊，范松丽. 虚拟电厂研究综述 [J]. 供用电，2016，33（04）：8-13.

的分布式电源，为个人住宅、商业或工业分部等服务。PDG 主要是将自身所生产的电能输送到电网，其运营目的就是出售所生产的电能。典型的 PDG 系统主要包含风电、光伏等新能源发电装置。

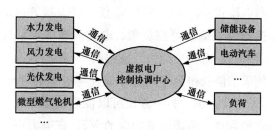

图 6-7　虚拟电厂的组成

（2）能量存储系统可以补偿可再生能源发电出力波动性和不可控性，适应电力需求的变化，改善可再生能源波动所导致的电网薄弱性，增强系统接纳可再生能源发电的能力和提高能源利用效率。

（3）通信系统是虚拟电厂进行能量管理、数据采集与监控，以及与电力系统调度中心通信的重要环节。通过与电网或者与其他虚拟电厂进行信息交互，虚拟电厂的管理更加可视化，便于电网对虚拟电厂进行监控管理。

3. 虚拟电厂的控制方式

根据虚拟电厂信息流传输控制结构的不同，虚拟电厂的控制方式可以分为：集中控制方式、分散控制方式、完全分散控制方式。

（1）集中控制方式下的虚拟电厂可以完全掌握其所辖范围内分布式单元的所有信息，并对所有发电或用电单元进行完全控制。

（2）分散控制方式下的虚拟电厂被分为多个层次。处于下层的虚拟电厂的控制协调中心控制辖区内的发电或用电单元，再由该级虚拟电厂的控制协调中心将信息反馈给更高一级虚拟电厂的控制协调中心，从而构成一个整体的层次结构。

（3）在完全分散的控制方式下，虚拟电厂控制协调中心由数据交换与处理中心代替，只提供市场价格、天气预报等信息。而虚拟电厂也被划分为相互独立的自治的智能子单元。这些子单元不受数据交换与处理中心控制，只接受来自数据交换与处理中心的信息，根据接收到的信息对自身运行状态进行优化。

随着国家对清洁能源和新兴技术的发展的大力推动，虚拟电厂将成为智能电网和全球能源互联网建设中重要的能源聚合形式，具有广阔的发展空间。

6.4.3　考虑需求响应的虚拟电厂商业机制

将分布式能源以聚合模式接入电网的虚拟电厂,为分布式能源(Distributed Energy Resource,DER)管理提供了新的技术手段,为需求侧资源整合参与电力市场构建了新型商业模式。广义的VPP不仅包括直接并网的分布式发电机组以及储能装置,还包括需求侧的可控负荷、电动汽车等灵活性资源。这些资源具有实时、高效和精准的动态响应能力,能够与DER高效互补,从而提升虚拟电厂的整体效益,使需求侧获得更多效益分成。将需求响应与VPP结合,一方面扩展了VPP的市场运营范围,另一方面可以促进市场导向的需求响应,代替基于行政指令的需求侧管理。考虑需求响应的VPP在电力市场中既可以参与中长期市场、现货市场,也可以向电网提供调频、备用等辅助服务,从而减少可再生能源发电对国家补贴的依赖[1]。

市场导向的需求响应主要可分为价格型需求响应(Price Based Demand Response,PBDR)和激励型需求响应(Incentive Based Demand Response,IBDR)。

PBDR通过动态峰谷电价的方式促使用户主动调整负荷曲线。在PBDR参与VPP运营的情况下,一般由VPP根据对用户负荷的预测与市场竞价情况决定PBDR的动态电价。PBDR的典型应用场景为电动汽车(Electric Vehicle,EV)的有序充放电管理。相比于传统储能,EV不需要额外投资,且EV大多数时间为空闲停靠状态,可参与到电力市场中,起到调峰调频、配合风力和光伏发电的作用。

IBDR是以激励补偿的方式对用户将自身负荷进行调度或投入备用调度的行为予以回报。当用户负荷被纳入VPP规划时,通常将负荷分为固定负荷和可中断负荷,并对可中断负荷的响应提供补偿费用。与传统机组相似,IBDR在运行中需要满足一系列运行约束,如削减量约束、削减持续时间约束、最小间隔时间约束、削减爬坡速率约束等。VPP实施IBDR后需要对用户的响应电量进行检验来计算IBDR的支付费用。对IBDR的定价还可以采取阶梯定价的方式,中断负荷量每达到一定级别,相应地提高补偿价格。对于IBDR参与备用市场,也可采取不同的定价方式,如分别对上调备用、下调备用和旋转备用设置不同的补偿价格。

VPP一般采取集中化的组织架构,由VPP控制中心远程调控各个DER,参与能量市场和辅助服务市场交易等不同市场竞价。考虑需求响应的VPP架构

---

❶　徐峰,何宇俊,李建标,裴星宇,陈建福,陈启鑫. 考虑需求响应的虚拟电厂商业机制研究综述[J]. 电力需求侧管理,2019,21(03):2-6.

示意图如图 6-8 所示。

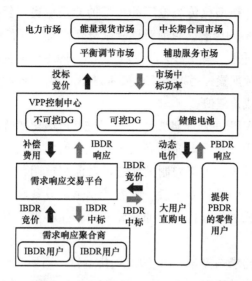

图 6-8　考虑需求响应的 VPP 架构示意图

其中 IBDR 可以通过需求响应市场平台进行交易，交易的形式可以采取集中竞价或者双边协商交易。需求响应交易平台还可以对需求响应提供者的响应情况进行事后校验。而 PBDR 适用于 VPP 运营者发售一体的情况，由 VPP 直接发送动态电价给参与 PBDR 的大用户及零售用户，无须中间环节，用户可根据动态电价自行响应。

综合而言，需求响应与 VPP 的联盟可以提高 VPP 的运行效益，降低分布式能源投标偏差的违约风险。需求响应具有在 VPP 中提供备用调度资源、参与联合市场报价、促进可再生能源消纳等方面的商业价值。

为了实现需求响应与 VPP 合作运营的商业化发展前景，还有许多方向需要继续深入研究，包括以下方面：

（1）加强 VPP 在能源互联网背景下的商业模式研究。以电蓄热、电制冷设备集群为主的"虚拟储能"，既是多能源系统的重要组成部分，同时也具有弹性的需求响应能力。将需求侧的多能转换潜力和多能负荷需求纳入 VPP 范围，可以进一步提升 VPP 资源配置能力和整体市场价值。包含多能源负荷的 VPP 商业机制对能源的综合利用具有重要的意义，需要研究多能源负荷的商业价值、定价方式和参与模式，以及冷、热负荷用户的温度体验感和参与意愿对 VPP 运营模型的影响。

（2）公平恰当的利益分配机制是促成需求响应与 VPP 联盟的基础。由于

VPP 内部不同主体复杂的利益关系，VPP 参与市场的行为决策、市场互动以及效益分配的市场博弈模型比传统电厂的市场博弈模型更加复杂，需要考虑不同 DER 的互补性对效益的影响。目前对该领域研究的极少，需要进一步对 VPP 的市场博弈模型展开研究。一方面探索 VPP 内部不同主体间的利益分配策略，实现资源的帕累托最优配置；另一方面也要考虑不同 VPP 同时参与市场竞争时的博弈策略，避免造成价值浪费。

（3）需要提升 VPP 的技术调控水平以促进其市场化运营。VPP 的价值充分实现有赖于对每一个分布式单元的高效控制，目前国内大部分分布式光伏仍处于无序管理、单向采集、不可控的状态，对商用空调、照明等典型可控负荷的分组管理也缺乏足够的技术手段。随着传感采集设备和分布式控制组件的广泛应用，以及分布式通信调控技术的成熟应用，能够为虚拟电厂提供更加可行的运营空间。

（4）为了促进需求响应与 VPP 的市场化运营，还要在市场体系建设、可行路径等方面开展更多的研究。比如在市场机制方面，需求响应和 VPP 的联合运营可以参与现货市场中的能量交易，同时可以为系统提供调峰、调频、备用等辅助服务。作为等同发电资源，其还可以参与中长期电量交易，甚至容量市场的竞标引到电网，合理进行中长期规划。

6.4.4　泛在电力物联网环境下的虚拟电厂运营

2019 年 1 月，国家电网公司提出"三型两网"发展战略目标，建立智能电网与泛在电力物联网有机联合的国际一流能源互联网企业。电力市场政策、机制以及技术的发展，将加速以风、光等可再生能源为代表的分布式电源、柔性负荷、储能等 DER 的发展。可以说，泛在电力物联网的建设为能源互联网构建提供了有力支撑，也为虚拟电厂建设与实施提供了技术驱动力。只有通过泛在电力物联网建设才能有效获取终端设备数据，在此基础上通过云计算、边缘计算等技术进行数据分析，实现虚拟电厂交易及调度优化。同时，虚拟电厂通过信息物理网络连接分布式发电、分布式储能、可控负荷以及电动汽车等柔性负荷，以实现负荷集成并向电力系统提供辅助服务，其调度及运营特性具有泛在电力物联网的基本特征。在一定程度上，虚拟电厂是泛在电力物联网的具体形式和基本单元❶。

❶ 王宣元，刘敦楠，刘蓁，刘明光，王佳妮，高源，王雄飞，宋永华. 泛在电力物联网下虚拟电厂运营机制及关键技术 [J/OL]. 电网技术：1-9 [2019-08-22]. https://doi.org/10.13335/j.1000-3673.pst.2019.1185.

由虚拟电厂的定义可以看出，虚拟电厂融合了物理、信息、价值等多种要素，在要素重组的基础上实现了价值增值。物理系统是虚拟电厂运营的基础，价值系统是其运营驱动力，信息系统则是连接物理-价值的媒介与核心。在泛在电力物联网建设背景下，以无线通信、泛在感知、边缘计算及云数据平台为支撑，使得供用能终端数据得以实时有效服务于业务体系，形成数据驱动下的业务创新模式，虚拟电厂则是在这一背景下可行的模式之一。从长期规划来看，虚拟电厂是推进泛在电力物联网建设的基础，也将成为泛在电力物联网与能源互联网的基本单元和终极形态。

泛在电力物联网建设将极大促进电力终端数据的获取及数据驱动下的业务增值，通过信息物理社会系统推动电力全业务集约化、智能化、自动化管理。虚拟电厂是物理-信息-经济融合的能源供需集合体，随着大量分布式电源及柔性负荷的接入，以虚拟电厂为节点的能源管理体系将为电力系统提供安全保障和运营支撑。

在泛在电力物联网相关技术的支持下，虚拟电厂调度优化机理主要有：聚合机理、激励机理、运营机理。其控制手段呈递增趋势，控制机理也由智能化逐步向人工决策转变。虚拟电厂调度优化机理如图 6-9 所示。

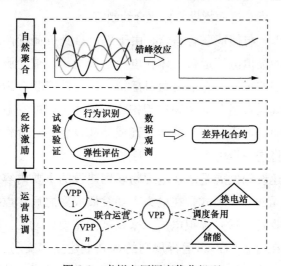

图 6-9　虚拟电厂调度优化机理

（1）聚合机理，用户组合错峰效应。虚拟电厂是对分布式电源、柔性负荷、储能等多种分布式能源的有效聚合，目前常见的虚拟电厂类型包括"分布式风电＋储能""分布式风电＋电动汽车""楼宇＋储能"等。通过对具有不同特征的用户主体进行组合，利用各自负荷在日负荷率、日峰谷差率、日最大利用时间等特征值上的错峰互补效应，通过引入人工智能技术对负荷曲线进行聚类，可以在一定程度上形成平抑虚拟电厂内部主体自身波动的虚拟电厂。

在终端设备数据获取、存储的基础上，实现用户组合错峰效应包括两个关键步骤：一是要结合终端数据对不同类型柔性负荷的特征进行分析，采用统计学和计量经济学方法，识别其曲线特征，将曲线特征替代负荷曲线值，为开展进一步分析奠定基础；二是要构建适用于海量多源异构数据的聚类分析算法，通过将曲线特征指标进行聚类分析，在一定的聚类规则约束下，即可得到同类别的负荷曲线簇，进而通过分析其负荷特征值的相对性，得到具有错峰效应的用户组合集。至此，该用户组合集已经初步具备平抑波动的功能。

（2）激励机理，基于用户弹性的差异化合约。在用户组合错峰效应的基础之上，需要引入经济手段对用户行为进行影响，其最终展现形式为虚拟电厂运营商与不同用户签订的差异化合约。实现差异化合约制定的基础是用户用电行为的识别，同时对用户行为通过多维数据进行客户画像，建立用户行为标签库。其关键点在于用户行为及其弹性具有隐匿性，很难直接通过数据分析得出，这要求虚拟电厂运营商基于实验经济学理论方法，构建用户行为识别及引导实验框架，通过改变差异化合约关键参数，从实际运营活动中获取数据，以此为基础进行用户弹性分析，进而指导差异化合约制定。

（3）运营机理，与储能联合运营。由于用户自身负荷特性及其可调节性方面的限制，单独的虚拟电厂运营主体在电力直接交易及辅助服务市场中难免存在偏差。为应对偏差风险，有必要通过虚拟电厂与储能联合运营，进一步提升系统灵活性。实现联合运营的关键在于构建多主体之间的利益分配机制。对于虚拟电厂运营商而言，通过与其他运营商或储能设备签订合作协议，形成虚拟电厂运营联盟，将进一步优化自身调控能力。

虚拟电厂的建设和发展是泛在电力物联网建设的重要内容，也是泛在电力物联网的最小单元和基本模式。在电力市场发展成熟之后，虚拟电厂可通过市场手段获得运营收益，这是虚拟电厂未来发展的重要驱动力。因此，为推进虚拟电厂发展，需在有效的市场运行规则的基础上建立起交易、调度支持系统，构建包括政府、企业、用户在内的市场推广应用商业模式，从市场规则、支持平台、参与各方协作发展三方面构建虚拟电厂发展促进链条，具体如下：

（1）在虚拟电厂参与的基础上制定有效的市场运行规则。考虑用户参与模式的申请、变更及解除等操作，制定虚拟电厂内部多利益主体参与虚拟电厂交易的规则；需要从整体上考虑虚拟电厂的对外特性，并从市场准入、竞价模式、信息发布、报价规则、结算方式等方面研究虚拟电厂参与电力市场的规则。考虑虚拟电厂内部资源的多样性，研究虚拟电厂内部资源的协调控制流程，提出虚拟电厂参与市场注册、竞价申报、出清优化、安全校核、电能电量计量、结算等电力市场的全环节全过程业务流程。

（2）建设一种有效的调度、交易支持系统以支持虚拟电厂运营。根据虚拟电厂交易类型、内部分配原则、电网调度运行要求，确定虚拟电厂接入的调度、交易平台功能的建设目标；明确虚拟电厂接入的交易系统与调度技术支持系统、营销业务系统、财务系统及运营商其他业务系统之间的数据集成与交互模式；根据虚拟电厂交易功能的数据集成需求，设计并研发交易系统与调度技术支持系统、财务系统、营销业务系统及其他业务系统之间的数据集成接口与数据集成方案。

（3）构建政府、电网企业、用户多方协作的虚拟电厂推广商业模式。根据虚拟电厂参与电力市场的交易类型，以及参与虚拟电厂的资源的不同响应特性，制定促进虚拟电厂应用的政策支持建议和市场机制建议。并根据虚拟电厂交易类型及内部成员特点，构建虚拟电厂的典型产品模式以及典型用户推广模式，根据政府、电网企业及参与虚拟电厂的资源在推广应用中的利益关系及相互作用，构建虚拟电厂利益相关方协作模式与典型商业模式，实现泛在电力物联网价值共享。

6.5 南方电网华穗路 6 号楼综合能源服务示范项目

6.5.1 项目概况

华穗路 6 号楼现是南方电网公司下属子公司行政办公所在地，已入住南网能源公司、鼎元资产公司、南网财务公司、南网传媒公司等多家系统内单位，总建筑面积 $40517m^2$，空调面积 $24580m^2$，建筑顶标高为 97.2m，建筑层高 4.2m，地上 21 层，地下 3 层，经常性办公人员 600 人左右。如图 6-10 所示。

图 6-10　华穗路 6 号楼

2012年9月，南网能源公司开始对华穗路6号楼开展能源托管服务，托管期8年。作为南网系统内第一个采用能源费用托管模式运作的示范项目。南网能源公司组织技术人员对大楼存在的问题和节能潜力进行长达6个月的诊断，并对空调冷冻水泵、冷站控制系统、地下室通风系统、室内照明灯具及低压侧分项计量系统进行技术改造，系统性地解决了大楼存在的诸多问题。综合能源服务范围如图6-11所示。

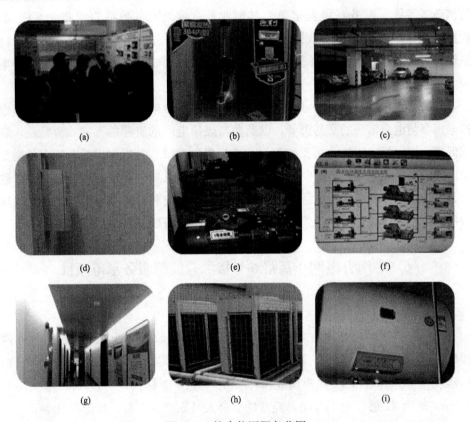

图 6-11　综合能源服务范围
（a）现场调研；（b）开水器；（c）地下车库；（d）排风系统；（e）冷却水泵；（f）群控系统；
（g）室内照明；（h）多联机空调；（i）热水器

6.5.2　智能照明系统

大楼建成之初已考虑照明灯具现代化管控方式，即公共区域照明灯具由控制系统管控，未采用由物业管理人员进行开关操作，导致楼层走道内均未设置启停开关。对于楼层走道内照明灯具，控制系统启用模式下依靠红外感应控制照明灯具启停，人员进入感应区域，则自动开启。对于地下车库内照明灯具，控制系统启用模式下关闭 2/3 数量灯具，剩余 1/3 数量灯具保持常亮状态。照明灯具大楼控制主界面如图 6-12 所示。照明灯具楼层控制界面如图 6-13 所示。

图 6-12　照明灯具大楼控制主界面

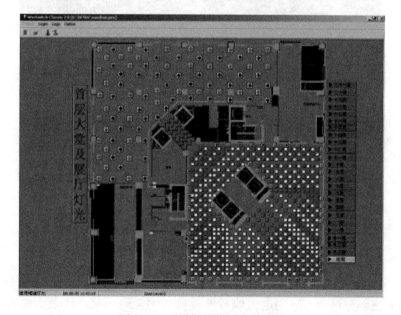

图 6-13　照明灯具楼层控制界面

6.5.3 中央空调楼宇自控系统

南方电网调度通信大楼安装有一套中央空调设备运行管理系统，通过该系统，可以随时查看空调主要设备（包括冷站设备、空调箱、送排风机等）的运行情况及运行参数，可以控制整个大楼中央空调系统末端空调箱及新排风机的启停，并随时监控其运行情况及部分运行参数，但是监测到的数据无法进行保存。图 6-14 所示为中央空调管理系统的运行界面。

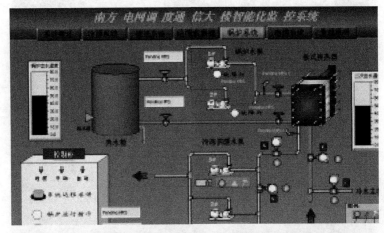

图 6-14　中央空调管理系统的运行界面

6.5.4 末端空调电力载波系统

末端空调管控平台由室内温控面板、集中采集器、监控中心（放置于物业值班房）三部分组成。采用电力线载波及微功率无线的双模技术实现对系统内风盘和风柜的统一配置、集中管理及自动控制，同时接入互联网终端平台，提供更为高效末端空调运行管理。末端空调管控平台如图 6-15 所示。

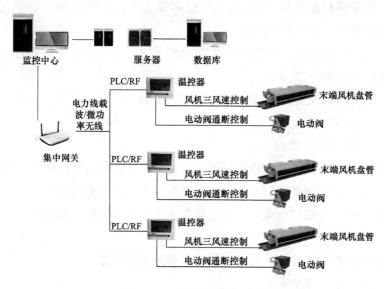

图 6-15　末端空调管控平台

1. 实时监控

通过浏览器或者移动端软件实现各个风机面板的远程状态实时监控，可远程查看中央空调的状态、运行挡位、模式、定时情况、设定温度和当前温度。

2. 自动控制及远程控制

温控面板带有定时设置、温度设置等功能，通过温度传感器和时钟，可实时的感知室内当前状态，然后根据设定策略自动控制空调设备的电磁阀等，实现自动调节、自动控制功能。后期还可进一步扩展升级，配合适当的传感器，系统还可以感知室内是否有人，并根据设定控制策略在无人的情况下自动关闭末端空调，节约能源。

通过网络对各个温控面板进行远程控制，实现空调设备挡位、温度、模式、定时等远程设置。下班时，管理人员可以通过该功能关闭办公人员忘记关闭的空调面板，实现管理节能的目的。上班时，管理人员可以远程查看每个办公室是否按照规定把空调调节在适当的温度，如果不符合国家有关规定，可以远程对其进行调节，进而达到节能的目的。

3. 温度管理

（1）开机运行节能温度。定时/手动开机时，默认预设的温度值，支持远程设置节能温度值。

（2）限定运行温度调节范围。制冷/热模式下温度仅在预设温度范围内调控，可远程修改温度调节范围值。

（3）指定温度运行。当运行在指定温度下时，手动不可更改温控器运行温度，方便统一集中管控。

（4）支持睡眠模式，房间温度舒适，节约电能。

4. 时间管理

（1）定时自动开/关机。

❖ 定时任务下发后，室内温控器按照预设的关机时间点自动开/关机；

❖ 根据不同应用场所，可设置周一至周日不同开关机任务；

❖ 配合空调主机控制策略，在主机停止工作后关闭所有温控器。

（2）远程手动开/关机。

❖ 特殊情况下，支持后台远程控制空调开关机状态；

❖ 远程锁定禁用空调；

❖ 支持锁定温控器面板功能，并禁止开机，仅由后台主站执行开机操作。

5. 远程禁用空调

（1）在非开机时段，分为允许/禁止开机两种模式，在允许模式下，开机一段时间后将自动关机（时间长度可设），若禁止开机，则在用遥控器开机后，控制器将发送关机指令。

（2）在禁止开机时段，允许主站执行开机操作。

（3）设定空调来电后自动开启或手动开启模式。

6. VIP 模式

（1）针对个别特殊房间空调单独设置，区别运行。

（2）组控模式，支持给组分配，实现组控。

（3）可设置来电开机模式。

7. 脱机运行

对控制器进行参数设置后，在网络故障或 PC 关机的状态下，控制器仍会按预先设定的模式开展正常工作。

6.5.5　能源管理系统

在南方电网通信调度大楼建立的能源监测与数据分析管理系统，能够分项、实时监测该建筑的用能状况，以实际数据为基础对现有用能状况进行分析，从而及时对空调系统、照明系统等作出能耗分析与节能诊断，得出切实可行的节能办法，包括管理节能、技术节能和公示行为节能等，降低南方电网通信调度大楼的能源消耗，提高运行管理水平，减少运行管理费用。能源监测与数据分析管理系统如图 6-16 所示。

图 6-16　能源监测与数据分析管理系统

结合该项目的能源管理需求，体现以下三大设计原则。

（1）先进性（Advancement）：

采用物联网技术采集数据；

采用云计算和大数据技术处理数据。

（2）高可靠性（Reliability）。

采用知名品牌的产品设备构建系统，各产品设备之间的通信接口采用行业内国际标准协议接口，并严格遵循智业节能的施工管理规范，确保系统各个环节的稳定可靠，从而保证系统的整体稳定性；

软件系统核心信息处理设备的所有关键部件可以实现冗余工作，使任何单点故障不影响整个系统的正常运行；

系统支持远程诊断、测试功能和在线故障恢复功能，能第一时间发现系统故障，缩短系统宕机时间。

（3）高可扩展性（Scalability）。

系统为功能模块化系统，即插即用。当系统需要增加容量或者扩大范围时，可以通过直接增加计量装置设备的方式达到目的，无须重新进行系统设计或者更改系统架构。

该系统架构方案如下：

系统架构采用分层部署的思想，自下到上分别为数据采集层、网络通信层、应用服务层，这三层由通信线路（铜介质或光纤）连接，构成整体系统。

（1）数据采集层。

能效管理系统中，需要采集的数据源自现场设备。

现场设备包括智能电表、冷量表、室外温湿度，通过传感器技术与数字转化技术采集数据。计量装置要求具有数字通信功能，支持 RS485 接口及 Mod

Bus RTU 通信协议。

计量装置数字通信接口见表 6-1。

表 6-1 计量装置数字通信接口

接口类型	RS485 接口
接线方式	两线制，端子接线
通信协议	Mod Bus RTU 协议
通信参数	波特率：9600 校验位：n 数据位：8 停止位：1
通信方式	作为通信从站，接收主站轮询指令并校验，校验通过后依据主站呼叫指令进行应答

（2）网络通信层。

网络通信层作为能效管理系统的数据桥梁，通过通信网关将现场计量装置和能效管理系统有机地联系起来，完成现场数据采集和传输的功能。同时，网络通信层也支持与第三方系统的数据交换。

通信网关与计量装置之间通过 RS485 线连接，完成 Modbus RTU 协议与TCP/IP 的协议转换。通信网关数字通信接口见表 6-2。

表 6-2 通信网关数字通信接口

接口类型	RS485 接口 RJ45 接口
接线方式	RS485 接口：两线制，通过 DB9 针公头接线 RJ45 接口：以太网线，通过水晶头接线
通信协议	RS485 接口：Modbus RTU 协议 RJ45 接口：Modbus TCP 协议，OPC/BACnet 通信协议
通信参数	RS485 接口： 波特率：9600 校验位：n 数据位：8 停止位：1 • RJ45 接口： - 10/100Mbs，Auto DMI/MDIX
通信方式	RS485 接口：作为主站呼叫该接口下互连的从站设备，接收从站应答并校验正确性 RJ45 接口：分配固定 IP 地址，接入局域网内

（3）应用服务层。

应用服务层是系统的核心组成部分，包括云计算服务平台，能效管理软件系统功能模块，以及实现其功能的 Web 应用服务。应用服务层采用云计算技术存储和计算数据，不需要额外的服务器软硬件等 IT 资源，通过远程方式提供能效监测和分析服务。用户可以通过 IE 等主流浏览器登录智业节能指定的 IP 地址或网站使用系统，也可以通过 iPad APP 移动访问。如图 6-17 所示。

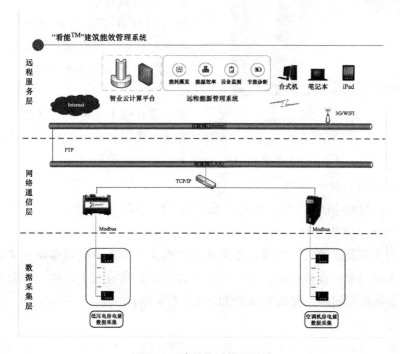

图 6-17　建筑能效管理系统

系统技术指标：

能耗数据采集频率为 1 次/15min；

能耗数据上传频率为 1 次/1h；

能耗数据处理时间最多滞后 2h；

系统功能的请求响应时间（TTLB，time to laster byte）≤10s。

软件功能方案：

现代管理的核心是决策。决策的基础是信息。

要想进一步提高信息处理的作用，对管理工作做出实质性的贡献，就必须面对不断变化的环境要求，研究更高级的系统，直接支持决策。"看能 TM"建筑能效在线监测分析系统不是简单的抄表系统，而是一个"让数据说话，以数据辅助决策"的系统，从电子数据处理系统（EDP）、管理信息系统（MIS）发展到决策支持系统（DSS），如图 6-18 所示。

能上网的地方，就有"看能TM"

·3大类应用
·12项主要功能，5项辅助功能
·100+项定制图表

图6-18 "看能TM"系统

1. 实现数据采集自动化

代替人工定时抄表工作，收集准确的能源消耗数据，提高工作效率，减少人为误差。

2. 提高可视化水平

通过能耗计量，了解能耗何时、何地、如何被使用、能耗超限等的情况，通过Web界面，发布各监测点能耗情况等。

3. 具有能耗可追溯能力

系统需存储大量的能耗数据，可随时调出系统上线以来的任意时段、任意数据点供查询与对比分析所用。

4. 能耗可指标化

通过精确分项能耗计量，实施考核节能指标的精细化控制。

5. 数据支撑节能增效

为相关节能行动决策的制定提供参考数据支持，将节能减排落到实处，为个人或者部门考核提供依据。历史数据中发现节能潜在机会，提高能效比；发掘潜在能耗异常问题，提出主动性预防和应对措施。

6. 快捷简单访问

系统访问客户端无须安装及操作专业应用软件，可在任一有广域网络的位置，仅通过IE网页浏览器（或移动终端）即可浏览系统界面。通过简洁的导览菜单快速定位数据点和功能界面。

7. 多账户管理

根据公司管理层级组织结构，系统需设立相对应的级别管理/浏览权限的账号，对应的显示其管辖范围内的仪表盘。

8. 数据统计与管理

能耗饼图分摊，能耗数据可按功能区域和用能系统分类统计、存储和查询。历史数据可供多种查询方式，按天、周、月、年查询以及自定义时间跨度查询，时间轴的刻度根据查询时间跨度自动调整（最小刻度为15min）。

9. 账单计算

支持以下用户自定义设定参数的综合账单计算功能：

多段费率电费（峰/谷/平）；

需量费用；

功率因数费用；

其他各项费用。

系统应该可以提供账单报表导出及打印。

10. 历史数据分析

根据能耗分类统计数据，可进行历史数据同期对比或与设定目标能耗值对比，以参考能耗波动情况或验证实施节能行动后的效果。

比如，根据能耗分项统计数据，展示近5年同期的各项能耗数据对比图，观察同期各项用能区域/用能设备的能效是否逐步提升。

11. 关键指标（KPI）分析

支持各类型建筑的能耗指标计算、分析和展示，包括办公建筑、商场建筑、宾馆饭店建筑、医疗卫生建筑、零售商超建筑、数据中心建筑，能耗指标包括单位建筑面积能耗、人均能耗、单位客流量能耗、单位客房数能耗、单位床位数能耗、单位营业额能耗、PUE等。

支持重点用能设备、特别是空调系统的效率KPI计算、分析和展示，系统效率KPI包括空调系统能效比、冷站能效比、空调末端能效比、冷源能效比、冷机COP、冷却水输送系数、冷却塔效率、冷却塔风机输送系数、冷冻水输送系数等。

12. 碳排放计算

需计算指定日期范围内，特定排放因数下基于能耗所产生的二氧化碳量。呈现的信息应为用原始测量单位（电能单位为kW·h）表示的总耗能量，总耗能量用kW·h表示，排放因数，二氧化碳排放量。如果所用能源不止一种，那么每种能源所耗能量的值都应表示出来。此外，还应涵盖更进一步的在线分析，包括计算目标值，迄今为止的目标值，迄今为止的减少量，这些都应以图示和表格的形式呈现出来。

13. 能耗报警

可设定日/周/月的能耗门限值、实时功率门限值，超过门限值时，及时产生警告提示消息，并将告警信息发送至相关负责人手机或邮箱。

14. 能耗报告

标准能耗报告包括：摘要统计表，历史同期对比统计表（周，月，季度），负荷曲线图，历史能耗（天，周，月，年），账单计算，碳排放报告。所有报告都应能保存为pdf或excel文件格式，并定时发送至相关负责人邮箱或本机下载保存。

参 考 文 献

[1] 李林，王霁松，刘建树. 电网未来的发展目标——坚强智能电网 [J]. 山东工业技术，2014 (19)：202.

[2] 刘振亚. 建设坚强智能电网，支撑又好又快发展 [J]. 电网与清洁能源，2009, 25 (09)：1-3.

[3] 欧海清，曾令康，李祥珍，甄岩. 电力物联网概述及发展现状 [J]. 数字通信，2012, 39 (05)：62-64, 71.

[4] 泛在电力物联网建设大纲（节选）[J]. 华北电业，2019 (03)：20-29.

[5] 应鸿，张扬. 综合能源服务知识体系研究 [J]. 浙江电力，2018, 37 (07)：1-4.

[6] 曾鸣. "三型两网"的战略内涵与实施路径 [J]. 中国电业，2019 (03)：39.

[7] 刘秋华，陈洁. 提高坚强智能电网社会经济效益的对策建议 [J]. 企业经济，2012, 31 (12)：171-174.

[8] 曾鸣，王雨晴，李明珠，等. 泛在电力物联网体系架构及实施方案初探 [J]. 智慧电力，2019, 47 (04)：1-7, 58.

[9] 刘丙午，周鸿. 基于物联网技术的智能电网系统分析 [J]. 中国流通经济，2013, 27 (02)：67-73.

[10] 贾明慧，赵俊超，董晓晴. 未来互联网发展趋势 [J]. 天津科技，2016, 43 (02)：63-65.

[11] 杜经纬，李海涛，梁涛. 国内外物联网研究现状及展望 [J]. 世界科技研究与发展，2013, 35 (03)：408-416.

[12] 龚钢军，孙毅，蔡明明，等. 面向智能电网的物联网架构与应用方案研究 [J]. 电力系统保护与控制，2011, 39 (20)：52-58.

[13] 汪洋，苏斌，赵宏波. 电力物联网的理念和发展趋势 [J]. 电信科学，2010, 26 (S3)：9-14.

[14] 富尧，李冰琪. 泛在网网络技术需求分析及挑战 [J]. 数字通信世界，2015 (04)：43-46.

[15] 刘永谋，吴林海，叶美兰. 物联网、泛在网与泛在社会 [J]. 中国特色社会主义研究，2012 (06)：100-104.

[16] 张平，苗杰，胡铮，田辉. 泛在网络研究综述 [J]. 北京邮电大学学报，2010, 33 (05)：1-6.

[17] 蒋添. 物联网发展带来的机遇与问题 [J]. 科技创新与应用，2018 (07)：179-180.

[18] 傅质馨，李潇逸，袁越. 泛在电力物联网关键技术探讨 [J]. 电力建设，2019, 40 (05)：1-12.

[19] 胡畔，周鲲鹏，王作维，等．泛在电力物联网发展建议及关键技术展望［J］．湖北电力，2019，43（01）：1-9．

[20] 电力高电压技术分享．建设泛在电力物联网的战略意义［EB/OL］．（2019-02-27）．https：//mp. weixin. qq. com/s/PoXodR9eel9PIubQsMCpdA．

[21] 电力界．什么是泛在电力物联网泛在电力物联网的含义．［EB/OL］．（2019-04-17）．https：//www. epcnn. com/sg/2409. html．

[22] 陈麒宇．泛在电力物联网实施策略研究［J］．发电技术，2019，40（02）：99-106．

[23] 殷树刚，许勇刚，李祉岐，等．基于泛在电力物联网的全场景网络安全防护体系研究［J］．供用电，2019，36（06）：83-89．

[24] 北极星电力网农电．让泛在电力物联网开启智慧用能生活［EB/OL］．（2019-06-27）．http：//m. bjx. com. cn/mnews/20190627/988916. shtml．

[25] 北极星电力网农电．泛在电力物联网有什么作用？［EB-OL］．（2019-07-01）．http：//m. bjx. com. cn/mnews/20190701/989453. shtml．

[26] 陈浩龙．电力物联网对电网稳定性的作用［J］．中外企业家，2015（02）：234-235．

[27] 中国储能网．泛在电力物联网与能源革命［EB-OL］．（2019-07-03）．http：//www. escn. com. cn/news/show-747521. html．

[28] 中国分布式能源网．泛在电力物联网业务需求分析［EB-OL］．（2019-03-13）．http：//www. chinaden. cn/news_nr. asp？id=21151&Small_Class=3．

[29] 杨东升，王道浩，周博文，等．泛在电力物联网的关键技术与应用前景［J］．发电技术，2019，40（02）：107-114．

[30] 任少杰，郝永生，许博浩．射频识别技术综述［J］．飞航导弹，2015（01）：70-73．

[31] 陈新河．无线射频识别（RFID）技术发展综述［J］．信息技术与标准化，2005（07）：20-24．

[32] 刘国玲．传感器原理应用及发展前景［J］．科技风，2019（18）：95．

[33] 曹悠生．浅议当前电网中智能电表的应用［J］．信息化建设，2016（06）：117．

[34] 王明新．变电设备在线监测技术应用研究［J］．低碳世界，2018（04）：30-31．

[35] 刘玉芳，高骞，徐超，等．电力大数据价值与应用需求分析［J］．中国管理信息化，2018，21（20）：52-54．

[36] 吴凯峰，刘万涛，李彦虎，等．基于云计算的电力大数据分析技术与应用［J］．中国电力，2015，48（02）：111-116，127．

[37] 江代有．云计算技术综述［J］．计算机与现代化，2012（05）：71-73．

[38] 马强，田大伟，徐征，耿玉杰．云计算在电力系统大数据中的应用与研究［J］．自动化技术与应用，2018，37（03）：46-49．

[39] 丁春涛，曹建农，杨磊，王尚广．边缘计算综述：应用、现状及挑战［J/OL］．中兴通讯技术：1-8［2019-07-25］．http//kns. cnki. net/kcms/detail/34. 1228. TN. 20190605．

1023. 002. html.

[40] 王毅，陈启鑫，张宁，等. 5G 通信与泛在电力物联网的融合：应用分析与研究展望 [J]. 电网技术，2019，43（05）：1575-1585.

[41] 叶祖丽. 推进高质量发展支撑世界一流能源互联网企业建设：公司 2018 年信息通信工作会议解读 [N]. 国家电网报，2018-02-12（2）.

[42] 北极星输配电网. 实现"三流合一"推动坚强智能电网与泛在电力物联网融合发展 [EB/OL]. (2019-01-23). http：// shupeidian. bjx. com. cn/html/20190123/958539. shtml.

[43] 中国能源报. 泛在电力物联网将催生众多新业态 [EB/OL]. (2019-. 6-10) http：// shupeidian. bjx. com. cn/html/20190610/985163. shtml.

[44] 能源评论. 打造"泛在电力物联网"应规划先行 [J]. 物联网技术，2019，9（03）：5-7.

[45] 王君安，高红贵，颜永才，易艳春. 能源互联网与中国电力企业商业模式创新 [J]. 科技管理研究，2017，37（08）：26-32.

[46] 张云霞. 物联网商业模式探讨 [J]. 电信科学，2010，26（04）：6-11.

[47] 刁柏青. 从四个视角看"三型两网" [N]. 中国能源报，2019-05-06（014）.

[48] 国网信息通信产业集团有限公司. 公司介绍. [EB/OL]. (2019-06-30). http：// www. sgitg. sgcc. com. cn/html/xcjt/col2018072503/column_2018072503_1. html.

[49] 林楠. 加快创新发展，全力支撑泛在电力物联网建设 [N]. 国家电网报，2019-04-04（003）.

[50] 侯睿. 探索泛在电力物联网等领域深度合作 [N]. 国家电网报，2019-06-12（002）.

[51] 南瑞集团有限公司. 公司介绍. [EB/OL]. (2019-06-30) http：// www. sgepri. sgcc. com. cn/html/nari/col1030000017/2012-72/21/20127221815166906 93824_1. html.

[52] 王雪青. 国电南瑞：建设泛在电力物联网，开启产业发展新起点 [N]. 上海证券报，2019-04-30（005）.

[53] 汪艳萍. 电力二次设备制造企业竞争力评价研究 [D]. 天津大学，2007.

[54] 邓卫. 推动装备制造产业升级，支撑泛在电力物联网建设 [N]. 国家电网报，2019-03-28（003）.

[55] 邓永康. 新一代智能终端研制成功，即将发力泛在电力物联网建设 [EB/OL]. (2019-05-30). http：// stock. eastmoney. com/a/201905301138106618. html.

[56] 中国电力新闻网. 吉林电力推出"智能电力大数据＋金融"模式 [EB/OL]. (2019-05-10). http：// www. cpnn. com. cn/zdyw/201905/t20190510_1132817. html

[57] 黄建平，俞静，陈梦，等. 新电改背景下电网企业综合能源服务商业模式研究 [J]. 电力与能源，2018，39（03）：344-346，399.

[58] 张亚健，杨挺，孟广雨. 泛在电力物联网在智能配电系统应用综述及展望 [J]. 电力建设，2019，40（06）：1-12.

[59] 荆孟春，王继业，程志华，等. 电力物联网传感器信息模型研究与应用 [J]. 电网技

术，2014，38（2）：532-537.

[60] 粟灵. 泛在电力物联网火了，"前任"特高压怎么办？[J]. 新能源经贸观察，2019
（Z1）：51-53.

[61] 刘溥. 基于能源互联网思维的 E 售电公司经营模式研究 [D]. 广西大学，2017.

[62] 郑淑蓉，吕庆华. 物联网产业商业模式的本质与分析框架 [J]. 商业经济与管理，
2012（12）：5-15.

[63] 范鹏飞，焦裕乘，黄卫东. 物联网业务形态研究 [J]. 中国软科学，2011（06）：57-64.

[64] 封红丽. 电力及其他相关企业向综合能源服务转型研究 [EB/OL]. （2018-03-26）. http：//
shoudian. bjx. com. cn/news/20180326/887626-2. shtml.

[65] 郑欣. 物联网商业模式发展研究 [D]. 北京邮电大学，2011.

[66] 郭剑波. 融通资源构建平台全力支撑泛在电力物联网建设 [N]. 国家电网报，2019-
05-09（003）.

[67] 张园. 建设"三型两网"构建能源互联网商业新生态 [J]. 能源研究与利用，2019
（03）：14-15，17.

[68] 王坤. 5G 时代物联网技术在电力系统中的应用 [J]. 通信电源技术，2018，35（05）：
187-188.

[69] 鲁小华. 物联网的信息安全技术浅析 [J]. 建筑工程设计与技术，2015，（36）：230.

[70] 周春雷. 面向智能电网的物联网技术及其应用 [J]. 智能建筑与智慧城市，2018
（09）：69-70.

[71] 智研咨询. 2019-2025 年中国电力产业市场专项调研及投资前景分析报告 [EB/OL].
（2019-01-29）. http：//www. chyxx. com/industry/201901/710861. html.

[72] 中国投资咨询网. 中国"十三五"电力发展前景研判及电力格局展望 [EB/OL].
（2016-05-16）. http：//news. bjx. com. cn/html/20160516/733440-2. shtml.

[73] 朱怡. 泛在电力物联网的关键是创新与互联 [N]. 中国电力报，2019-06-01（002）.

[74] 张溥. 能源互联网迎来多元、规模化发展 [N]. 中国电力报，2019-04-04（002）.

[75] 陈敏曦. 互联时代的综合能源服务 [J]. 中国电力企业管理，2019（13）：20-25.

[76] 齐琛冏. 综合能源服务走向智慧互联 [N]. 中国能源报，2019-05-06（015）.

[77] 张胜杰. 泛在电力物联网下一个投资风口？[N]. 中国能源报，2019-05-06（015）.

[78] 王秀强. 国网转型：掘金泛在电力物联网 [J]. 能源，2019（04）：28-30.

[79] 时玉丰. 泛在电力物联网的 C 位出道记 [EB/OL]. （2019-03-12）. http：//www. hxny.
com/nd/40779/0/15. html.

[80] 中泰证券. 2019 年电力设备行业中期策略 [EB/OL]. （2019-06-10）. http：//shupeidi-
an. bjx. com. cn/html/20190610/985029-2. shtml.

[81] 邓永康. 泛在电力物联网深度报告：架构、场景及投资机会 [EB/OL]. （2019-03-
11）. http：//shupeidian. bjx. com. cn/html/20190311/967812-3. shtml.

［82］ 任立国. 连接共享赋能开辟泛在电力物联网客户服务新格局［N］. 国家电网报, 2019-04-18 (003).

［83］ 孟冉冉. 国家电网探索构建泛在电力物联网新型智能计量体系.［EB/OL］. (2019-05-15). http://shupeidian. bjx. com. cn/html/20190515/980402. shtml.

［84］ 林鸿, 方学民, 袁葆, 欧阳红. 电力物联网多渠道客户服务中台战略研究与设计［J］. 供用电, 2019, 36 (06): 39-45, 66.

［85］ 全国电力设备管理网. 国网公司在杭州召开现场会, 全面启动"网上国网"全网推广工作［EB-OL］. (2019-06-28). http://www. gs-cpem. com/contents/40/810. html.

［86］ 高雅. 现代 (智慧) 供应链助推泛在电力物联网建设——国家电网物资管理向智慧转型迈进［EB-OL］. (2019-04-11). http://shupeidian. bjx. com. cn/html/20190411/974064. shtml.

［87］ 许洪强, 姚建国, 於益军, 汤必强. 支撑一体化大电网的调度控制系统架构及关键技术［J］. 电力系统自动化, 2018, 42 (06): 1-8.

［88］ 王栋. 大数据与大电网中的智能机器人.［EB/OL］. (2018-10-24). https//wenku. baidu. com/view/d83a9bf8294ac850ad02de80d 4d8d15abf230007. html.

［89］ 冯隽. 加强电网运行方式管理, 提高电网安全经济效益［J］. 科技视界, 2013 (35): 339, 420.

［90］ 北极星电力网农电. 国家电网: 创新大电网控制技术, 综合施策促进清洁能源消纳［EB/OL］. (2018-08-27). http://m. bjx. com. cn/mnews/20180827/923483. shtml.

［91］ 鄢蜜昉. 虚拟电厂: 能源转型助推器［N］. 国家电网报, 2018-10-30 (008).

［92］ 曾鸣. 促进清洁能源消纳应首先从规划入手［N］. 国家电网报, 2015-12-29 (001).

［93］ 饶曙勇, 欧阳婷婷. 云南电网公司印发《2019 年清洁能源消纳专项行动方案》18 项措施促进清洁能源消纳［EB/OL］. (2019-05-07). http://m. bjx. com. cn/mnews/20190507/978896. shtml.

［94］ 北极星太阳光伏网. 加强并网运行控制, 共促清洁能源消纳［EB/OL］. (2019-04-24). http://mguangfu. bjx. com. cn/mnews/20190424/976698. shtml.

［95］ 北极星智能电网在线. "国网芯"和智能终端技术突破是泛在电力物联网建设应用创新的保障之一［EB/OL］. (2019-05-06). http//www. chinasmartgrid. com. cn/news/20190506/632632. shtml.

［96］ 彭文蕊. 通讯员. 刘杰. 南方电网 2019 年改革方向: 谋划新兴业务布局、打造新兴产业平台、构建综合能源服务体系［EB/OL］. (2019-03-08). http://shupeidian. bjx. com. cn/html/20190308/967638. shtml.

［97］ 林洋. 能源＋区块链: 赋能新兴业务, 发展前景可期［EB/OL］. (2019-06-12). http:// www. linyang. com/news/industry/21137. html.

［98］ 孙艺新. 电网大数据与商业模式创新［J］. 国家电网, 2015 (11): 50-52.

［99］ 搜狐. 国网供电水平难敌南网，华为壮志升级智能配电网何时助两网赶超欧美日？
［EB/OL］.（2019-06-23）. http：//www. sohu. com/a/322515985_764234.

［100］ 王成洁. 打造"以客户为中心"的现代服务体系［N］. 国家电网报，2018-02-13
（008）.

［101］ 新华网. 国家电网公司"国网云"正式发布. ［EB/OL］.（2017-04-29）. http：//mini.
eastday. com/bdmip/170429133110862. html.

［102］ 林永生，王颖，王赫楠. 民营能源企业的绿色跨越与探索——新奥能源研究院调研
［J］. 经济研究参考，2016（01）：46-51.

［103］ 魏存，宋培培，孙桦. 青岛中德生态园绿色生态建设模式研究［J］. 生态城市与绿色
建筑，2018（02）：61-65.

［104］ 高顺利，吴荣，吴波，李彦爽. 智慧燃气研究现状及发展方向［J］. 煤气与热力，
2019，39（02）：23-28，46.

［105］ 曹亮，彭勇，朱毅. 大中型园区智慧能源系统总体方案的研究与设计［J］. 电力学
报，2017，32（03）：241-247.

［106］ 刘晓静，王汝英，魏伟，等. 区域智慧能源综合服务平台建设与应用［J］. 供用电，
2019，36（06）：34-38.

［107］ 封红丽. 上海电力大学微电网示范项目成效调研. 电力决策与舆情参考，2019-07-12（26）

［108］ 别凡. 综合能源服务结出"实用"果实［N］. 中国能源报，2019-01-28（017）.

［109］ 周晓兰. 国网苏州平台化综合能源服务出世［J］. 能源，2019（05）：24-26.

［110］ 北极星输配电网. 国网江苏电力投运"多站合一"全直流预制式数据中心构建能源数
据云的探索与实践［EB/OL］.（2019-07-23）. http：// shupeidian. bjx. com. cn/html/
20190723/994587. shtml.

［111］ 北极星输配电网. 微网路由器：能源"立交桥"［EB/OL］.（2019-01-23）. http：//shu-
peidian. bjx. com. cn/html/20190123/958549. shtml.

［112］ 李娜，刘喜梅，白恺，等. 梯次利用电池储能电站经济性评估方法研究［J］. 可再生
能源，2017，35（06）：926-932.

［113］ 方燕琼，艾芊，范松丽. 虚拟电厂研究综述［J］. 供用电，2016，33（04）：8-13.

［114］ 徐峰，何宇俊，李建标，等. 考虑需求响应的虚拟电厂商业机制研究综述［J］. 电力
需求侧管理，2019，21（03）：2-6.

［115］ 王宣元，刘敦楠，刘蓁，等. 泛在电力物联网下虚拟电厂运营机制及关键技术［J/
OL］. 电网技术1-9［2019-08-22］.